ゴミうんち

循環する文明のための未来思考

目次

Part 3

ゴミうんちから見た日本の歴史と文化 083

Part 4

ゴミうんちと人類 105

Part 5 地球の循環OSのアップデート 135

凡例

※本文中に記載されている会社名の法人形態についての表記は省略しています。

※会社名、製品名等は、各社の登録商標または商標です。
　一部例外を除き本文中では ™、® マーク等は明記していません。

イントロダクション

自然界には、ゴミもうんちも存在しない。すべては有用な資源として循環してゆく。

〝ゴミ〟や〝うんち〟という概念が存在すること——それが「忌避」と「忘却」の対象として隠れて処分される（水で流し、埋められ、燃やされて終わり）ということ自体に、社会のOS（オペレーティングシステム）としての根本的な欠陥＝「デザインの失敗」が隠れているのではないか？

21_21 DESIGN SIGHTで企画展「ゴミうんち展」を佐藤卓さんと開催したのも、そんな課題意識からだった（本書もその展覧会のコンセプトブックという位置づけで制作された）。

いや、現状批判にとどまらず、新たな未来の可能性をみたい。本書の後半で具体的に紹介するように、すでにその「兆し」は現れている。それらはどれも、ゴミうんち問題における「天動説から地動説への転換」とも言うべき革新的イノベーションだ。

たとえば人糞が「金肥（きんぴ）」と呼ばれ、商品として売り買いされた江戸のPoopLoop（うんちの循環活用）さながらに、私たちの排泄物が〝Brown Gem〟（茶色い宝石＝腸内細菌叢の宝石箱）として高額で取り引きされる時代の予感――。私たちの体からの〃小さな便り／大きな便り〃に耳を傾けるという新たな予防医療の文化が定着すれば、腸内細菌との内的なパートナーシップも進化するだろう。２０３０年代には、トイレも単に「排泄」するだけの場所ではなくなっているはずだ。

プラスチックごみや化学繊維も、ただ埋められたり燃やされたりするのでなく「PET to PET」「服から服へ」で循環し始めた。だが、そもそもプラスチックも化学繊維も「石油から作る必要もなくなる」という素材革命――この１００年の石油文明を根本から更新（ゼロリセット）するようなゲームチェンジも始まっている。

あるいは、水洗トイレの穴の先に何十キロにも及ぶ「社会の腸管」を整備することを文明・進歩の基準としてきた、これまでの数十年。都市化のスピードにインフラ整備が追いつかない途上国のみならず、日本でもこうした20世紀型の長大な上下水道システムの「経済的」なサステナビリティが問われ始めている（老朽化とメンテナンスコストの肥大化、水道事業の破綻）。

それに対して「上下水道インフラに頼らない」――つまり自分の家に下水処理（汚水浄化）ユニットを持ち、オフグリッド自律分散（ＤＡＯ）で糞尿まで循環利用しうるシステムも開発されている。災害で断水した被災地はもちろん、無居住地域の拡大で広域の上下水道インフラ整備がコストに合わなくなった全国の地域でも採用され始めた。これは近未来の〝地球的な断水〟――2040年代には40億人が深刻な水ストレスにさらされるという予測を考えれば、「21世紀の地球標準」となりうる設計思想だ。なんでも水に流して事を済ませてきた日本から「もう水に流さない」システムが考案され、世界に貢献し始めている。

ちなみに「水に流して、はいおしまい」という忘却の設計思想は、排便(ゴミうんち)に限ったことではない。たとえば住宅やビルの冷房は「内部の熱を外部に捨てる」ことで部屋のなかを冷やすシステム。そのための電力を作る火力発電所とともに、大量の排熱でヒートアイランド現象を増幅させる仕組みだ。かつて紙などの資源消費と物理的な移動を軽減することで「エコに貢献する」と期待されたIT/IoT産業は、データサーバーの排熱、その冷却のための膨大な電力消費で、いまや最大の環境負荷の源泉となった。こうした〝熱のゴミ〟問題も、もはや忘却してはいられない段階だ。こうした問題とそれへの画期的なソリューションも後半のPart 5で紹介したい。

石油・石炭の化石燃料に支えられた近代文明は、地球の大気や海洋を〝無限サイズのゴミ袋〟と仮定し、「排熱」や温室効果ガスなどの「排気」、トイレや台所からの「排水」のその先はとりあえず忘れてよいものとして設計された。いわば〝鬼は外、福は内〟のＯＳだ。「ゴミうんち問題」とは、こうした根本的な設計思想のひとつの現れにすぎない。では、宇宙船地球号のＯＳとなりうる資格を持った設計思想とは？　対症療法的なゴミうんちの処理・処分でなく「デザインの失敗」の核心を見据え、それを更新することが私たちの世代のミッションとなる。

この時代認識のもと、本書ではプラごみ・廃棄食・排便（トイレ＋糞尿問題）と同列に「排気」「排熱」「排水」……そして社会の廃棄物課題のひとつとして浮上しつつある「空き家」問題なども同列に扱う。住宅の再生・再利用を、いわば社会の細胞のクリエイティブなアップサイクルとして位置づけ、それらに関する画期的なＯＳ更新の動きも紹介する。またCO_2等の「炭素循環」に比べ、日本ではまだ関心の低い「窒素循環」の撹乱（化学肥料や家畜の糞尿に由来する硝酸態窒素汚染、富栄養化など）にも光をあてる。

興味深いのは、本書で紹介する多分野のＯＳ更新がほとんどすべて日本から始まりつつあることだ。これは今後の世界、特に欧米に比べてはるかに人口が多く、経済も伸び盛りゆえに最大の「ゴミうんち問題」を抱えつつあるグローバルサウスとの関係において、日本のユニークな立ち位置を示唆する。

江戸のPoopLoopの現代的更新（糞便アップサイクル・トイレ革命）、「排気」「排熱」「排水」における社会技術革新もさることながら、日本には廃品・廃棄物に関するユニークな文化ＯＳが数多く眠っている。使わなくなった道具をただ捨てずに供養する「針供養」「包丁塚」、発酵微生物との数百年にわたるパートナーシップを暗示する「菌塚」、割れた食器に単に修復する以上の価値を生みだす「金継ぎ」。

また、厄介なものを外部に排出して終わりにするのではない――「鬼は外、福は内」でなく「鬼も内」に、味方に転換するような発想。敵から奪った駒を味方として循環利用する将棋（チェスではそうはいかない）、「災い」と「恵み」の不可分性をみる自然観――完全に善悪を二項対立で考えない思考は『鬼滅の刃』のような現代のアニメにも垣間見える。Ｐａｒｔ３ではこうした文化・歴史的な文脈から「ゴミうんち問題」への新たな見方を探る。

最後に、本書の眼目は、何よりこうした人類の社会ＯＳ更新を「地球ＯＳの更新」の一環として捉える視点だ。地球と生命のシステムは、数十億年にわたり有害廃棄物のアップサイクルを通じて、またそれを排出する異物を内部化して「共進化」してきた。酸素に満ちた大気、「緑の惑星」……いま私たちが見ている地球は、数十億年にわたるその時々の「ゴミうんち問題」への創造的なＯＳ更新の成果だ。その地球進化史の延長として、その物語の新たな1ページを書く立場に私たちはいる。

本書では、まずPart 1でこうした地球自然のなかのPoopLoop（ゴミもうんちも存在しない見事な循環構造）に焦点を当て、そのPoopLoopの精妙なメカニズムとその由来、進化的な経緯をPart 2で探る。この作業を通じて、たとえば「いま、なぜ発酵文化や腸活が注目されているのか?」も明らかになるだろう。そしてPart 3のおもに日本の歴史文化からの視点、Part 4の現代ゴミうんち問題の起源（背景と現状のレビュー）を踏まえて、冒頭にかいつまんで紹介した数々の「ゴミうんち問題のコペルニクス的転回」の事例についてPart 5で詳述する。

現代の私たちの選択、文明OSの更新が、地球進化の新たな1ページとなる——そんな時代をともに生きてゆく展望を、読者の皆さんと共有できれば幸いである。

竹村眞一

OP
OP

プープループ

POOP（ゴミ、うんち）+ LOOP（めぐる「輪」、ループ）= POOPLOOP

POOPLOOPは、自然界におけるゴミうんちの再利用と循環を表す英単語。
本書ではそれを、人間界のゴミうんち循環、ひいては未来の循環型文明を
展望する象徴的なキーワードとして使っていきたい。

Part 1

1

地球のPoopLoop
小さなエッセンシャルワーカーたちが
大きな地球を支えている

うんちしてまいにち「新品」

うんちは食べカスじゃない。

その3分の1は、私たちのからだ（腸壁の細胞がはがれ落ちたもの）、
3分の1は腸内細菌。

この新陳代謝のおかげで、私たちは毎日「新品」になり続けている。

人が作った機械は、自分で勝手にパーツを入れ替えて
「新品」になり続けることはできない。

あたりまえに生きているだけで結構すごい。
うんちはその証しなのだ。

うんちはこうして自分が更新されてゆく証しであるとともに、

自然界では「世界を更新する」大事な役割も担っている。

誰かのうんちは、ほかの誰かの食べもの（資源）として
再利用され、栄養循環の「環」を巡ってゆく。

ゾウは草木を食べるとともに、ゾウのうんちが草原を肥やす。

果実を食べた鳥や動物のうんちは、その植物の種子を運び、
植物が生息域を広げたり、森が更新してゆくのを手伝う。

昆虫や動物の子どもは、親の糞を食べることで、
親の腸内細菌を受け継ぎ、その世界で生きてゆくために必要な
腸内の生態系を更新してゆく。

世界を更新するPoopLoop＝「うんちの環」――。
この精妙なつながりの糸をたどってみよう。

誰かのうんちは、誰かの宝もの

自然界では、うんちは忌み嫌われるモノではない。草むらで動物が脱糞すると「ご馳走、発見！」とばかりにさまざまな生き物が集まってくる。

ドローンのようにいち早く飛来し、うんちを丸めて転がしてゆくフンコロガシ（スカラベ）。

ハエたちに見つかる前に運んで、巣の中に埋めてしまおう。そうでないと卵を産みつけられ、その幼虫（ウジ）たちにせっかくのご馳走を食べ尽くされてしまう。

うえー汚い？　いや、今も豚糞をウジに食べてもらって肥料に高速変換する肥料工場もある（育ったウジはまた家畜の飼料になり、PoopLoopの輪がめぐる）。

処理コストのかかる汚物を「資源」に変える魔法を、こうした地球のエッセンシャルワーカーたちが支えている。

私たちも毎晩楽しく酵母の“うんち”を飲んでいる？

ブドウの果皮に付いていた酵母がブドウの糖分を食べて（分解して）、その残った排泄物がワインになる。

ビールも麦（芽）が発酵し、酵母が麦のデンプン（糖）を食べて、アルコールと一緒にできたCO_2が「泡」（酵母のおなら）となって出る。焼くと、このおならで膨らんでパンになる。

お酒やパンを発酵させる、酵母さんありがとう。でも酵母からすれば単にエサ（糖分）を食べて、残りものを排泄しているだけだ。

酸素もCO_2も排泄物？

酸素は、植物が光合成で水を分解するときに出る、不要で有毒な廃棄物だった。それを創造的にリサイクルすることで生命は進化してきた。

糞虫(ふんちゅう)が世界を甦らせる

古代エジプト人にとって、スカラベ（フンコロガシ）は神だった。

死後の再生、生命の輪廻・循環を願ってミイラまで作った彼らは、夕刻に没しても翌朝にはまた朝日として甦る太陽を崇めた。

そして、太陽を転がすかのように球体に丸めた糞を転がし、地下に埋めては、そこから卵が孵化(ふか)していのちが再生してくるフンコロガシという不思議な生き物を、「太陽を回す」ケプリ神に重ねた。

王墓に描かれたスカラベの絵（象形文字）は「誕生」を意味する。

現代の疫学者も同様に、世界を支える彼らの「循環の魔法」に注目する。

「甦り」はまさに「更新する生命」と書く。
スカラベが担った再生の魔法が、エジプトの王墓に描かれている。
「アンハイの死者の書」（紀元前1050年頃）より

糞虫の仲間

「アフリカに来た観光客のほとんどは、インパラやゾウといった人気者の大型動物には注目するが、そうした大きな動物たちの生息地であり、生存を可能にしている環境の形成を助けるもっと小さな生き物に注意を払う者は少ない。（中略）しかし二一世紀の今、私たちが目を向けない、当面何の役に立つのかわからない動物——例えば糞虫——が消えることこそが、人類にとって最大の脅威となるかもしれないのだ」（デイビッド・ウォルトナー＝テーブズ『排泄物と文明』）

「甲虫たちの働きには、報酬も賞賛もないけれど、世界の農業のために、寄生虫抑制、牧草地の改良、温室効果ガスの削減のような数億ドル相当の貢献をしているのだ」（前掲書）

君の歩いたあとに「道」ができる
ミミズが歩いたあとに「土」ができる

ミミズが土のなかで生きていることは誰でも知っている。だが、その「土」をミミズが作っている、というのをご存じだろうか？

進化論で有名なダーウィンは晩年、「ミミズのうんち」の研究に没頭した。ミミズは微生物や有機物を含む腐植土を食べ、腸内の粘液と混ぜて排泄することで、土の団粒構造を作っていく。団粒構造ができることで、土は空気（酸素）を地下まで通しながら、水を保持して、植物も根を張りやすい地下の環境を整えてゆく。

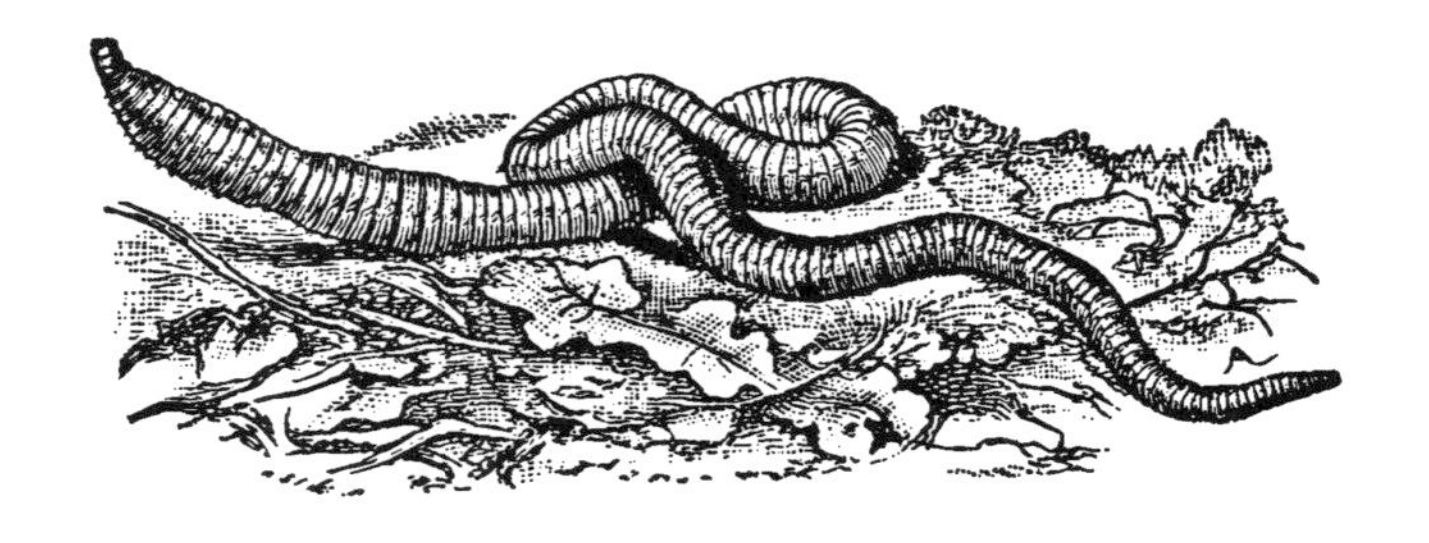

ミミズはこの星の「土の製造工場」として、ひたすらその腸管を貸し与え続ける。土を深く掘り返し、耕すことで、地中のミネラルや養分も地表の生き物に届けられる。

地球は生命を育んだ星だが、同時に「生命が育んだ星」でもある。

Ｐａｒｔ２でみるように、酸素のなかった地球を酸素に満ちあふれた星に変え、茶色い陸地しかなかった星を「緑の惑星」に染め上げ、森や草原のゴミうんちをもとにこの星を宇宙のなかで滅多にない「土の惑星」に生命がテラフォーミングしてきた。

ほかの星には岩や砂はあっても、土はない。「土」は生物のゴミうんちが創ったものなのだ。

自然界のごみ掃除屋さんたちの分業リレー

森の枯葉や倒木、動物の糞や死骸も「土」に変換されてゆく。
日本のように雨の多い温帯では分解と循環も速く、
秋に溜まった落ち葉も春にはかなり土になる。
動物の腸内で分解が進んだうんちより、倒木や落ち葉は分解が大変だ。

1 ⟶ **2** ⟶ **3**

1. 葉を食べるカミキリムシやトビムシが細かく粉砕。シロアリも硬い木部を噛み砕き
2. さらに厄介な木の堅牢なリグニンまで分解するのは真菌類（キノコ・カビ）
3. それらの残骸が「土壌の生産トンネル」のミミズの腸を通過して土となる

シロアリがいなければこの世はゴミだらけ⁉

木造家屋を食い荒らす悪者のイメージが強いシロアリ。だが、自然界においては大切な役割を担うエッセンシャルワーカーだ。彼らが居なければ、この世界はゴミだらけになってしまう。

アフリカやブラジル、オーストラリアの草原には、高さ3メートルにもなる土の塔が立っている。シロアリが草木を分解して「土」に変える——そのクリエイティブな営みの成果（廃棄物）が積層して出来たのが、このタワーだ。

シロアリは
死んだ木しか食べない

地球の掃除屋さん（分解者）の代表格シロアリがなぜ人間世界では悪者に？

実際、シロアリは死んだ木を食べて分解して「土」に還す。だから木造住宅を食べるわけだが、森の生きた木は食べない。たまに生きた木を食べる場合は「外来種」だという。

オーストラリア奥地のシロアリ塚

昆虫界のスカイツリー

シロアリにとって3メートルのタワーは、人間の世界でいえば東京スカイツリーやドバイのブルジュ・ハリファ以上の巨大高層建築。しかも電気も使わない自然の空調システムで、中は涼しい。

この建築のノウハウを真似て人間も、アフリカや中東で電力に頼らない自然空調のビルを建て始めている。だが人間のビルが土に還らないのに対し、このシロアリのタワーはやがて崩れて土になる。

アフリカなど熱帯・亜熱帯の地表面の3分の1は、このシロアリの営みによって創られているといわれる。

キノコを栽培するシロアリ

分解循環のパートナーシップ

実は、シロアリは自分では木を完全には「分解」できない。木を分解できる能力を持つのは、キノコやカビなどの菌類だ。

樹木は、いわば数億年前の「鉄筋コンクリート革命」の産物。密生した森で、他の木との競争に負けずに光合成のための太陽の光を確保するため、太古の樹木はセルロースという「鉄筋」と、リグニンという「コンクリート」で重力に抗する強度を高め、何十メートルもの高さ（3〜5階建てのビルに相当）でそびえ立つ堅牢な体を手に入れた。だから容易に分解できるものではない。

シロアリも、実はキノコたちの力を借りて、分解しにくい草木のセルロースやリグニンを分解してもらう。そのやり方がおもしろい。

一部のシロアリは、腸内にセルラーゼ（セルロース分解酵素）を産生する菌類を飼っている。腸内のパートナーの働きで、草木を栄養源にできる。

そのパートナーを体外に「飼育」（栽培）するタイプのシロアリもいる。彼らは自分のうんちの山を「キノコ農園」（＝キノコの菌床）にして、そこに育ったキノコを食べて生きる。

シロアリのうんちには、分解されきらないセルロースやリグニンがたっぷり入っているので、キノコはそれを消化する。そうして「栽培」されたキノコが、シロアリの栄養源となる。

シロアリと菌類という2大エッセンシャルワーカーのパートナーシップで、世界はゴミだらけにならず「土」が創り続けられる。

シロアリが栽培するオオシロアリタケ

参考

身近なところではシイタケ、なめこ、マッシュルーム等が、このような自然界のゴミうんち（有機物）を植物が資源として再利用できる無機物に分解する、つまり「分解者」としてのキノコにあたる。それに対して、赤松の根に共生するマツタケ、欧州の珍味トリュフなどは「菌根菌」といって、植物にリンなどの栄養分や水分を提供してくれる、植物にとってなくてはならない存在。菌類はいわば、植物の「生」と「死」の両面を支えるパートナーなのだ。

森の空き家リユースの「環」
使い捨てられたキツツキの巣

自然界には、ゴミもうんちも存在しない。あらゆるものが分解され、循環してゆく。でも、何でも早く分解してリサイクルすれば良いというものでもない。

樹木は、生きて立っている数十年～数百数千年は、内部が分解されて「うろ」（空洞）になることはあっても、構造体としてはしっかりサステナブルに立っている。この樹木のスローな時間が、他の森の生き物たちにさまざまな恩恵を与える。

キツツキの古い巣穴にいる灰色リス

魚たちに住処（すみか）と避難場所を与える海中のサンゴ礁と同様、陸上の樹木は鳥や虫やさまざまな動植物の拠りどころとなる。そこに、たとえばキツツキは穴を開けて自分の住まいを作るが、その巣穴はすぐに捨てられ「空き家」となる。

この空き家はしかし、他の鳥やリスなどの動物に再利用され、バトンリレーされてゆく。キツツキはいわば森のさまざまな動物たちのために住居を掘削・提供する、森の大切な仕事人だ。

「廃屋」の「リユース」がこうして可能になるのも、簡単には分解・倒壊しない樹木の長寿命＝スローな時間ゆえだ。簡単にはリサイクルされないことの価値にも、目を向ける必要がありそうだ。

三陸の海で牡蠣(かき)を育てていた漁師・畠山重篤さんは、「海が痩せてきたのは森が荒れたせいだ」と直感し、その海に流れこむ川の上流に木を植えた。

海はよみがえり、丸々と太った牡蠣が育つようになった。豊かになった森の落ち葉や倒木、動物の糞が分解されてできた腐葉土が「鉄分」を海に届けているとわかった。それを畠山さんは「森は海の恋人」と表現する。

すべての生き物には鉄分が必要だ。呼吸や光合成、酸素を運ぶ赤血球(ヘモグロビン)など、生命活動の中核を担う場所で鉄が大切な役割を果たしている。だが鉄はすぐに酸素と結びつき(酸化して)、鉄サビとして水底に沈んでしまう。鉄分を撒くだけでは生命に届かない。

ところが森のゴミうんちが変成してできる「腐植」(腐葉土の黒土に多く含まれる分解有機物の最終形態)が抱き込んだ鉄(フルボ酸鉄)は酸化されることもなく、川から海に届いて海のプランクトンに吸収される。

森のゴミうんちは、単に分解され循環する以上の大切な役割をこの世界で担っているようだ。

「森は海の恋人」 森のゴミうんちが海を養う

三面川河口付近の魚つき保安林（新潟県村上市）

海〜陸

PoopLoop うんちがつなぐ地球の「環」

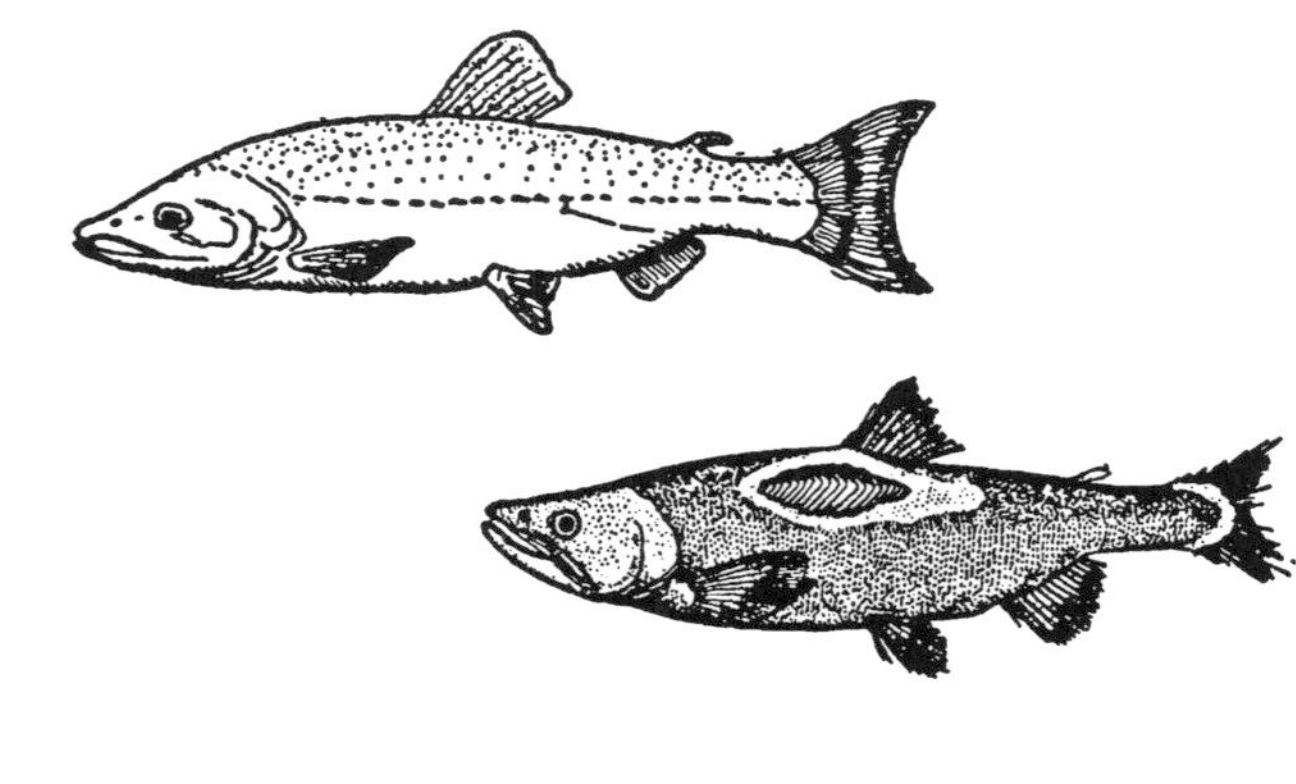

サケは海と森をつなぐ

北海道の川で生まれたサケは、4年ほどベーリング海を回遊しながら動物プランクトンのオキアミを食べまくり、そのカロテノイド色素で白身魚の身もオレンジピンクに染まる。産卵のために生まれた川に還って死ぬことで、海のミネラルを森に届ける。

さらに、サケを食べたヒグマや猛禽類がそのうんちを森のあちこちに広く撒き散らすことで、森全体が海からの恵みで豊かになる。カナダの研究でも、こうしてサケや熊が「海と森をつなぐ」栄養循環の回路になっていることが証明されている。

カバは水域と陸をつなぐ

カバはうんちを撒き散らしながら歩く。パン屑を落として帰り道を確かめようとした『ヘンゼルとグレーテル』のように、自分が戻る川や湖への道標として、うんちを落とす。そうやって水中の養分を陸に届ける。

陸

PoopLoop うんちがつなぐ地球の「環」

日本の山に自生する山桜の一種カスミザクラは、そのタネの8割をツキノワグマなどの熊に運んでもらっている。その熊たちがサクラのタネを、標高の高い涼しい場所へと運んでいることを、森林総合研究所の研究チームが明らかにしたのだ。

標高にしてなんと平均300メートル余り、最大700メートル以上も高い場所に運んでいたという（タネにとって700メートルといえば、東京から箱根に避暑に行くようなものだ）。

うんちは種子(タネ)のデリバリー

鳥や動物のうんちが、タネを運ぶ——。

熱帯林ではなんと8割以上、温帯の森でも最大7割の樹が、動物にタネを運んでもらっているそうだ。どうやら動物のうんちは、植物や生態系の維持・更新に大きな役割を果たしているらしい。それをここでは動物と植物の「仕合わせ」関係（＝仕え合い）と呼んでおこう。

最近の研究で、そうした植物と動物のうんちを介したパートナーシップが地球温暖化や気候変動への適応にも役立っていることが判明した。

もちろん熊たちも下界が暑すぎて、高山の涼しい場所に移動しただけだろう。だが、そこでうんちしてタネをまき散らした結果、自分では移動できない植物たちの「足」となって、森のお引越しを手伝うことになった。

思えば、これまで地球は幾度も急激な温暖化や寒冷化を経験してきた。その度に、この動物のうんちを介した大移住が、植物たちの「うん命」を大きく左右しただろう。

動物と植物の「仕合わせ」な関係を壊してしまっては、私たちも次の気候変動を乗り切ることは到底できないはずだ。

鳥はメッセンジャー

ボルネオの焼畑民は、森を伐採して畑を作るとき、あえて大きな樹は残しておく。そうすると、そこに鳥が来て、どこかで食べた木の実のタネを包んだ糞をする。樹木にとって鳥は、タネを遠くに運んでもらうメッセンジャーだ。植物のなかにはゾウや鳥など、特定の動物の糞に包まれた状態でのみ上手く発芽するように仕組まれたものもある。

海

Poop Loop うんちがつなぐ地球の「環」

ホエールポンプ

海の栄養循環に、クジラが大きな役割を果たしていることが近年の研究でわかってきた。

ダイオウイカを捕獲するため深海まで潜るマッコウクジラはよく知られているが、クジラはこうしたタテ方向の往還運動で、浅い海と深い海の海水と栄養分の交換に一役買っている（いわゆる「ホエールポンプ」）。

また、大食漢のクジラが排泄する大量のうんちは、海の表層に生きる生物の食料となるだけでなく、栄養たっぷりの「マリンスノー」となって深海に降りそそぐ。クジラの尿（素）も植物プランクトンの増殖に必要な窒素資源だ。

北の栄養豊かな海域でたっぷり食餌をとって肥ったクジラが、子育てのために暖かい海域にやって来ると、それは貧栄養の南の海への栄養分のデリバリーともなる。クジラの移動は、垂直方向だけでなく水平方向でも「地球の栄養循環」のポンプとなっているのだ。

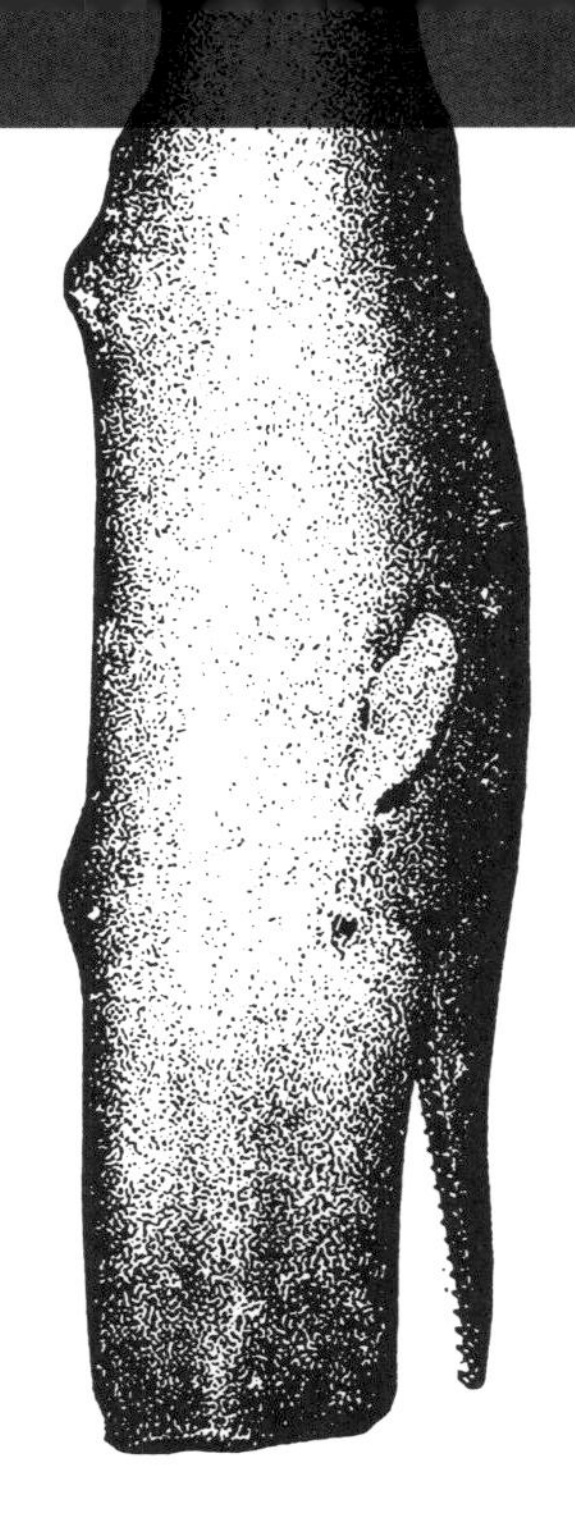

さらに、クジラがその一生を終えたときには、その巨体が深海への栄養分の巨大な贈り物となる。深海底のクジラの骨に棲息する生態系も最近見つかった。

そもそも深層水がミネラル豊富なのは、また台風が海をかき混ぜることで海の表面の光合成プランクトンにリンや窒素、鉄分などの栄養素を届けるのも、このように深海があらゆる生物のうんちや死骸が行き着く場所だからだ。

台風は海をよみがえらせる

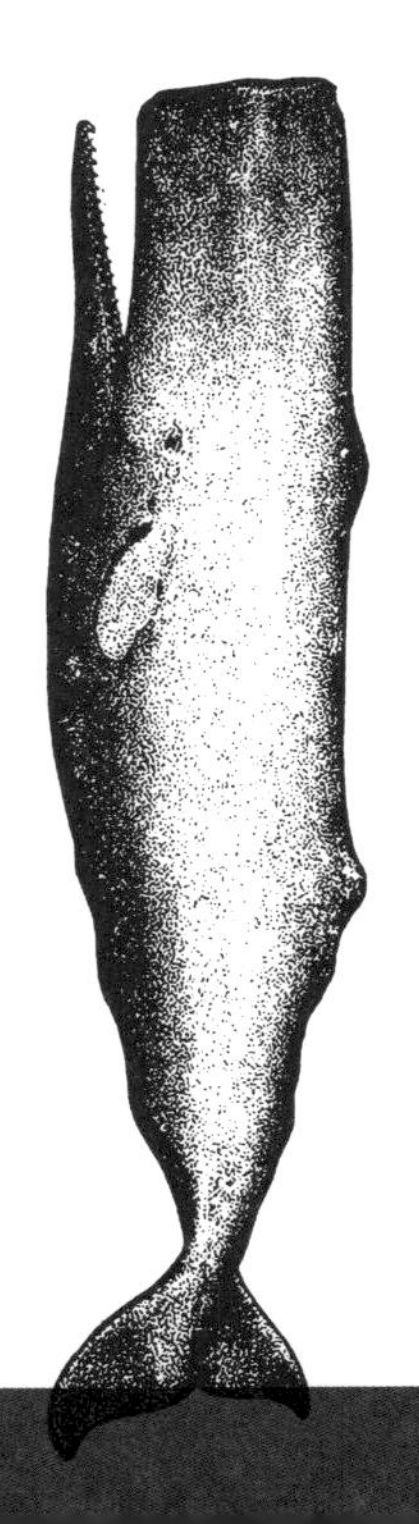

沖縄やハワイなどの亜熱帯の海は、プランクトンや栄養分が少ない。美しい南の海は実は「貧栄養」で、海の生き物にとっては決して楽園ではない。表面が強い太陽光に照らされて水温が高く（＝軽く）、低層の海水が冷たくて重いので、なかなか入れ替わらないのだ。表面の海水温が高くなりすぎて、サンゴの「白化」（光合成する共生藻が逃げ出して白い骨格だけが残る現象）も進む。

でも“地球大のミキサー”である台風が来ると、深い部分まで海をかき混ぜて、冷たい海水が表面まで届けられ、サンゴの白化も収まる。そうするとまた、深層水のミネラルや栄養分も太陽の光がさす表層まで届けられるので、光合成（植物）プランクトンも増殖し、それを食べる動物プランクトンや魚も増える。

海の森
利他的「排泄」経済学

海のなかには、もうひとつの森がある。

ワカメやコンブなどの海藻？　アマモのような海草？　いや、それ以上に大きな有機物合成と炭素貯留の「地球器官」となっているのが、シアノバクテリアや珪藻（けいそう）、渦鞭毛藻（うずべんもうそう）、円石藻（えんせきそう）などの小さな植物プランクトンだ。バイオマス（生物量）では陸上植物のたった1％にすぎない海の藻類が、光合成（一次生産）量では陸の植物にほぼ拮抗する。

興味深いことに、この海の植物プランクトンの光合成産物（糖グルコース）の半分はその薄い膜を通って海水中に溶け出し、おもに細菌バクテリアなど他の生物の栄養源となるらしい。専門的には「排泄」溶存有機物（EOC：Extracellular released Organic Carbon）ということで、ここでは勝手ながら「海のプランクトンの溶け出すうんち」と呼んでおこう（むろん厳密には排泄物でなく生産物だが）。

陸上の植物も、その根に共生するキノコ（たとえば赤松に共生するマツタケなどの菌根菌）が地下に張り巡らした菌糸を通じて自分たちにリンや水分を供給してもらう代わりに、その〝報酬〟として、植物が光合成で作った糖の約半分をキノコに供給しているといわれる。

それでも森の樹木はその堅牢な構造体を作り、そこに固定した炭素を何十年も貯留するので、炭素は「フロー」で流通するよりも「ストック」の比重が高くなる。

それに対して海洋では、食物連鎖のピラミッドの底辺を支える植物プランクトンが単に捕食され、上位のオキアミや魚やクジラへと濃縮されてゆくだけでなく、こうして海中に溶け出す（漏れ出す）部分も含めて、つねに炭素（有機物）が「フロー」のかたちで流通してゆく。

先のキツツキの巣のリユースでみたような陸上の樹木の堅牢なストックとは対照的に、海では毎週、森の木や葉っぱが入れ替わるほどのスピードで炭素が高速でリレーされていく。

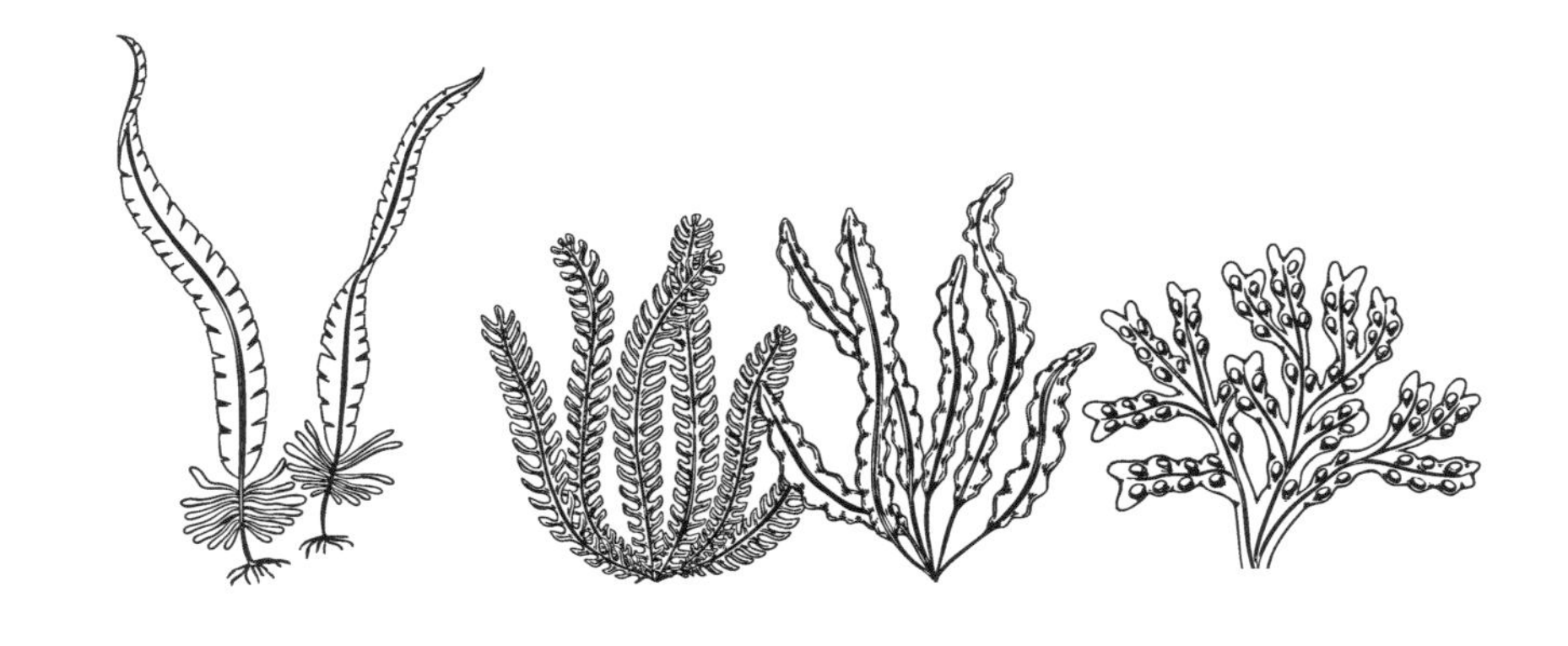

サンゴ礁も利他的経済？

ハワイや沖縄の透き通った海。それは海の「貧しさ」のあらわれだった。

魚の糞やプランクトンなど「濁り」の要素が少ないから透明に見える。観光客にはうれしいが、そこに住む生き物にとっては生きづらい世界。

そんな「貧栄養」の亜熱帯の海を豊かにしているのがサンゴ礁。海の0・2%を占めるにすぎないサンゴ礁に、海の生物種の25%が生息する。魚たちに住処や隠れ場所を提供するだけではない。サンゴから〝漏れ出す〟糖質やアミノ酸がたっぷりの栄養豊富な粘液が、彼らの食料となる。

では、その粘液も含め、動物であるサンゴ自身が（貧栄養の海で）どこから栄養を得ているのか？それは、サンゴに共生する褐虫藻という植物プランクトン*。彼らはなんとその光合成産物（糖やアミノ酸）の90%をサンゴに気前よく提供し、さらにサンゴは受け取った有機物の半分を粘液として大放出して、亜熱帯の海の豊かさを支えているという。

*サンゴ礁が海の0・2%にすぎない理由もここにある。海の平均深度は3800メートル（=富士山がすっぽり入ってしまう深さ）。植物プランクトンが光合成するのに必要な太陽光が入るのはせいぜい水深50~100メートルほどだから、火山島のまわりの浅瀬など限られた場所にしかサンゴは生息できない。

〝藻類のおなら〟が雨を降らせる？

海の「磯臭さ」を作り出しているのは、硫化ジメチルという〝藻類のおなら〟。渦鞭毛藻などの植物プランクトンが出すこの物質は、大気中で水蒸気を凝結させる雨核となる。それが雲を作り雨を降らせる。

地球の「水の環」は、どうやら水と太陽だけで回っているわけではないらしい。そこに眼に見えない生物の働きが関与して、地球の気象や気候が作られていく。

そしてこの雨核となる硫化物は硫黄を含み、海から陸への硫黄分の輸送と循環を担う。硫黄は私たちのからだを作るタンパク質（その構成ブロックとなる幾つかのアミノ酸）の重要な元素だ。

この美しい循環PoopLoopはどうやって出来た？

Part 2

Part 1では、現在の地球における
多様な循環の「環」PoopLoopをみた。

このPart 2では数億年のスケールで、
過去の地球にタイムスリップしよう。

そこでは新たな生命の進化によって、
それまでの地球にはなかった新たな廃棄物が生み出され、

それを創造的に再利用（アップサイクル）するチャレンジを
生命が続けてきたことがわかる。

そうして地球システムをテラフォーム（改造）しながら、
生命もさらなる進化の可能性を自ら拓いてきた。

いま私たちがみている地球の循環の「環」も、
決して初めからあったわけではなく、
それぞれの年代、地球進化のそれぞれの段階での
廃棄物汚染の課題解決の結果である、という事実。
これは同じ課題に直面する私たちに勇気を与える。

「ゴミうんち課題解決の地球史」の新たな1ページを、
今度は私たちが書く番だ——
それにむけて、まず廃棄物をめぐる地球の歴史を振り返っておこう。

有毒な廃棄物の再利用(アップサイクル)で共進化してきた地球と生命

シアノバクテリアによる光合成は、27億年前の「宇宙エネルギー革命」だった。

原初生命は海底火山の熱水噴出孔で誕生したらしい。そこに噴出する二酸化炭素や水素、硫化水素などを「食べて」(=エネルギー源にして)生きていたと考えられている。

そんな限られた場所と資源に頼るゼロサムゲームから生命を解放し、宇宙から届く無尽蔵の太陽エネルギーを活用する。光のエネルギーで水素と酸素を引き離すことで、水というこれまた無尽蔵の資源を使えるようになったのも大きい。「光合成」はそんな、生命と地球システムの革新的なアップグレードだった。

だが、それは副産物として酸素公害を引き起こした。光合成では、まず第一段階で水H_2Oが水素Hと酸素Oに分解される。水素は有機物の合成に使われ、「糖」ができる。しかし酸素はいらないので、廃棄物として排出される。それは、もともと酸素のない地球で進化した生命にとって猛毒だった(それは今も「抗酸化」という言葉に残響している)。

有毒な廃棄物が増えすぎたとき、解決策はひとつしかない。それを資源として再利用することだ。酸素を静かに燃やしてエネルギーを取り出す「酸素呼吸」。それまでの「発酵」微生物の20倍近い高効率という大革新。それを編み出したバクテリアの末裔を、私たちも細胞内にミトコンドリアとして抱えている。

シアノバクテリアによる光合成

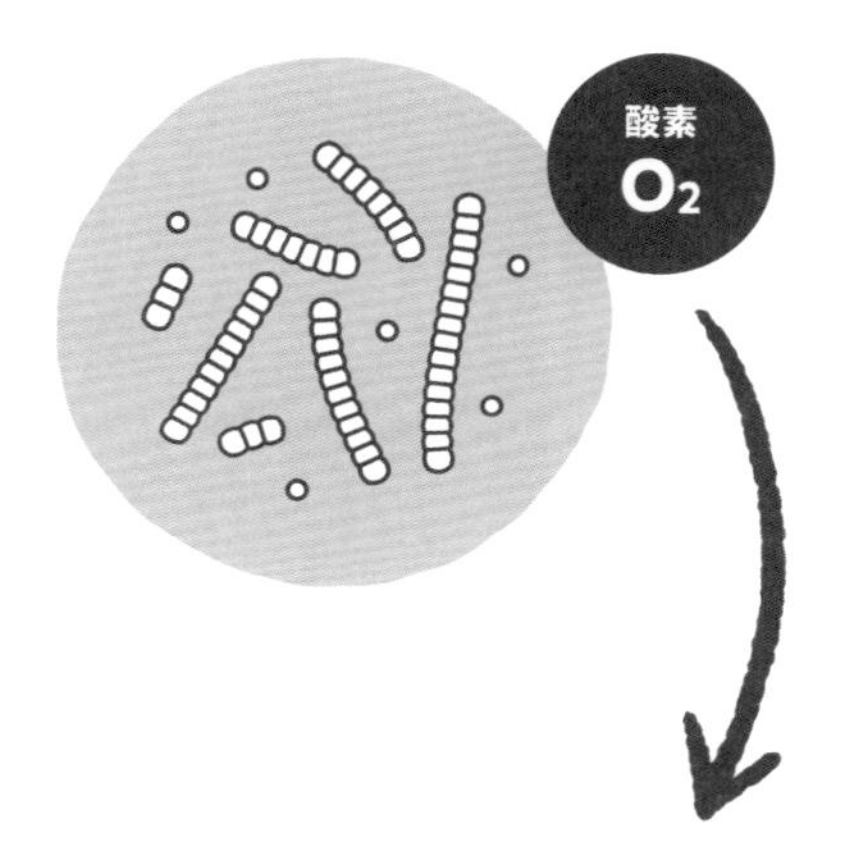

酸素発生型の「光合成」では、まず水H_2Oを水素Hと酸素Oに分解する。水素と酸素を引き離すのには大変な力が要るので、太陽のエネルギーを活用する。酸素は不要なので廃棄物として排出。しかし、太古の生物にとっては酸素は猛毒ガスであった。

“酸素公害”に対処する3つの戦略

1. 逃げる!

酸素の届かない
場所に避難する

酸素嫌い!な
「嫌気性」
細菌

いまも酸素の届かない土の中や下水、生物の腸管、さらに私たち人の腸内にも生息(後述)

2. 酸素呼吸

逆にエネルギー
源として活用する

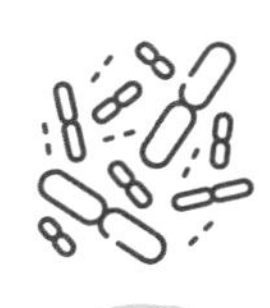

酸素好き!な
「好気性」
細菌

エネルギー効率はそれ以前の20倍近くになった

3. 共生進化

1のなかには酸素から遺伝子を守る「核」というシェルターを作り、**2**の危ない奴と一緒に暮らす道を探る者も現れた

酸素発電所のパワーはやはり捨て難い! 酸素を使って細胞のエネルギーとなるATPを生産するミトコンドリアが核の周りに泳ぐ、真核生物の細胞に

さらにそこに、酸素の発生源である光合成生物(シアノバクテリアの末裔)が共生して、葉緑体を持つ植物の細胞に

鉄サビの地球史
なぜ血も大地も赤いのか？

光合成による酸素公害は、鉄サビの山を海底に作って、生命を鉄不足に陥らせる、「鉄の惑星」の大改造（テラフォーミング）でもあった。

原初生命は、海中に豊富に溶け込んでいた「鉄」を生命活動の中核に採用して進化してきた。実際、生物のからだは「鉄」で出来ている。ロボットのように硬くはないが、酸素を運ぶ赤血球のヘモグロビン、呼吸や光合成を担うシトクロムなどのタンパク質の中核には必ず「鉄」が埋め込まれている。

ところが、あるときその鉄が使えなくなるという「資源枯渇」に直面する。

27億年前の縞状鉄鋼層が見られるオーストラリア北西部ハマスレー地域

原因はシアノバクテリアの光合成革命による酸素の発生。それが海中の鉄分を酸化して赤サビとして沈殿させた。グラフをみると光合成革命の27億年前から海底に「縞状鉄鉱床」が形成されたのがわかる（それが数億年で終わっているのは酸化する鉄分が海中になくなったからだ）。

鉄が枯渇した環境で、血液の酸素運搬に鉄の代わりに銅を採用した生命もいる（クモなど）。また今も窒素やリンなど必要なミネラルは豊富にあるのに、鉄が不足していてプランクトンの増殖が十分できない海域がある。

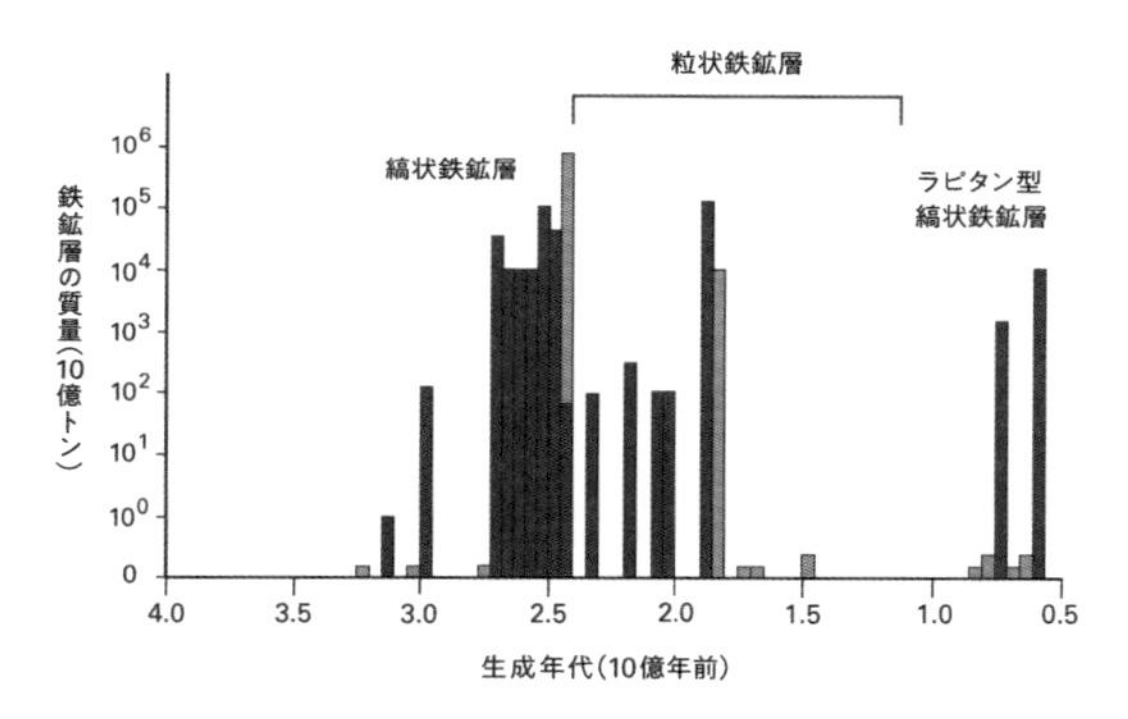

縞状鉄鉱床の形成時代とその規模（縦軸は対数目盛り）
出典：伊藤孝「鏡の日本列島 3：鉄なき列島」

私たちのからだを流れる鉄

たとえば動脈血は真っ赤で、静脈血は青黒い。これは肺から全身に酸素を運ぶ「往路」で鉄が酸素と結合した酸化鉄になり（赤サビの色だ）、全身の細胞で酸素を手放したあとの「復路」ではヘモグロビンの鉄のサビが取れているからだ。

この往復で、鉄イオンの電子が増えたり減ったりしている（$Fe^{3+} \leftrightarrows Fe^{2+}$）。鉄はスローに電子の授受（酸化⇆還元）を行う特別な元素。呼吸も光合成も、ミクロにみれば鉄による電子の授受とリレーで成り立っていて、それが後にみるように「静かに燃やす」酸素呼吸を可能にしている。

私たちのからだは「鉄」を核とした電子ネットワークなのだ（だから静電気で“感電”もする）。

緑の樹木も3億年前のプラごみだった?

光合成革命の結果、海からやがて大気中に広がり飽和した酸素O_2は、上空の紫外線と反応してオゾンO_3に変わり「オゾン層」を形成。遺伝子を傷つける紫外線が降り注いでいた危険な陸上環境が、ようやく地球のUVカット皮膜で守られるようになり、まず植物から恐る恐る「上陸」を開始した。

海から陸への進化は、人類が宇宙に出ていくような生命史上の大冒険であり、茶色い大陸を「緑」のじゅうたんで染め上げてゆく、生命による大胆な「地球改造」(テラフォーミング)でもあった。「緑の惑星」への進化は、しかし再び(酸素公害に匹敵する)新たな環境激変のドラマの始まりだった。

はじめは不慣れな陸上の重力に押し潰されて、地面を這うしかなかった植物(最初の開拓者・地衣類はいまもペッタリ地面に張りついている)。ほとんど無重力のような水中から出たばかりで、とても立ち上がれない。

でも、やがて植物が密生してくると、太陽の光の獲得競争で天をめざす者も現れ、1Gの重力に抗して数十メートルも直立する地球史上初の「緑の高層建築」を進化させた。その強度を保つ部材として、植物の〝鉄筋〟にあたるセルロースと〝コンクリート〟にあたるリグニンを

ルイ・フィギエ『大洪水以前の地球』(1862)より想像上の石炭紀

開発。でも、それは当時の地球では分解できない、現代の鉄屑やプラごみのようなものだった。

「緑の惑星」への進化も、当時の地球にとっては異物の出現であり、大きな気候システムと炭素循環の改変を伴うものだった。ちなみに私たちがいま掘り出して使う化石燃料の石炭は、このとき分解できずに積もって固まった3億年前のプラごみの残骸で、ゆえにこの年代は「石炭紀」と呼ばれている。

しかしやがて2億6000万年前頃のペルム紀から白色腐朽菌（リグニンまで分解できる菌類＝キノコ）が進化。こうした無数の眼にみえない土壌微生物たちのシャドウワークのおかげで、現在の森では落ち葉も倒木もゴミにならずにリサイクルされて、新たな生命の栄養として使われている。

「自然界にゴミは存在しない」といわれるほど見事な宇宙船地球号の運行システム（OS）が、こうして長い年月をかけて構築されたわけだが、これも初めから予定調和的に与えられていたものでもなければ、一朝一夕で出来たわけでもない。歴史を知ることで、当たり前に思っていた地球生態系のバランスの〝有り難さ〟もあらためてわかる。

オズワルド・ヒア『スイスの原始世界』（1865）より想像上の石炭紀

おコメのデンプン、木や草の繊維（セルロース）も「糖」が何万個もつながった糖の塊りだ。

結合

セルロース
リグニン
デンプンなど

3

「鉄筋」にあたるセルロースがあってはじめて木や草は立っていられる。でも、それだけ「分解」するのは大変だ! 虫たちに食べられないようにリグニンという難分解性の素材も開発された。

分解

4

セルロースやリグニンを分解できるのは、それらを分解する酵素群を生産できる真菌類、それらの微生物を体内に持っている牛やミミズ、シロアリだけだ。

セルロース分解菌のなかには、「糖」に分解した後さらにアルコールや短鎖脂肪酸（乳酸・酢酸などの栄養素）にまで「発酵」を進める強者もいて、彼らに手伝ってもらえば木くず（間伐材）や古紙、稲わらなどのセルロース廃材からクルマの「バイオ燃料」（アルコール）を作れる!と注目される。

シロアリは、木をかじった食べかす（うんち）でリグニンまで分解できるキノコを栽培（腸内に飼う者も）。キノコのおかげで木を消化できる! シロアリの腸内や牛の胃（ルーメン）のなかは酸素が届かないので、「嫌気性」の微生物にとっても居心地がいい。だから生物の消化管（人間も含めて）には、こうした“酸素嫌い”の「発酵」微生物（後述）もたくさん住んでいて、彼らとのパートナーシップで牛も昆虫も人間も生きている。

キノコやカビが回す地球の「環」

3億年前にはキノコやカビ（真菌類）が進化していなかったから、木は分解されず「石炭」になった。いまの地球では彼らが分解するから、森はゴミだらけにならない（→Part 1）。分解するのは自分が食べたいから。でも木を分解して出来た「糖」を養分として自分で吸収するだけでなく、ほかの生物も食べられる「糖」に分解してあげることで、皆に回してあげられる。つまり皆で木を食べることができるようになったいうわけだ。

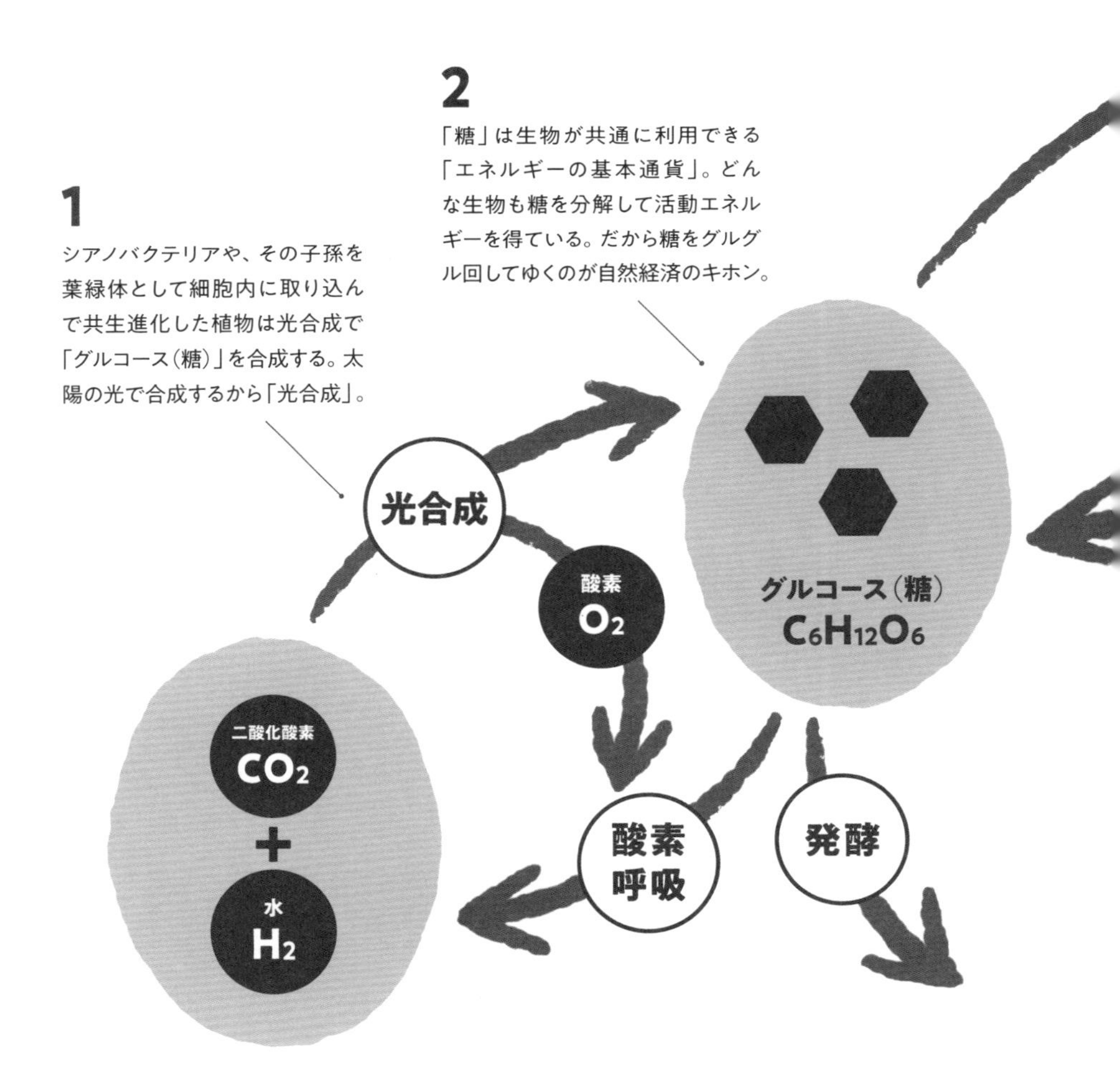

「発酵」というギフトエコノミー

カビは森の分解者として、土の中や昆虫の腸内で活躍しているだけではない。カビの分解能力は、身近な「発酵」食品でも活かされている。

たとえば「麹」(コウジカビ)。酒造りにはおコメのデンプンを糖に分解する糀菌のアミラーゼ、また醤油づくりには大豆のタンパク質をアミノ酸のうま味成分に分解するプロテアーゼ酵素が活躍。ちょっと寄り道して「発酵」の世界を覗いてみよう。

私たちが毎日お世話になっている発酵食品——乳酸菌ヨーグルトや味噌や漬物、お酒。日本全国の発酵現場を歩き、発酵文化の豊かさと面白さを伝える〝発酵デザイナー〟の小倉ヒラクさんは、発酵＝「みんなで副産物をグルグルまわす」ギフトエコノミー、つまり「贈りもの、宝物を交換しあう」経済だと説明する。

発酵微生物は、私たちと同様に「糖」＝グルコースを食べてエネルギーを獲得する(私たちもおコメを食べ、噛んでいるうちに唾液でデンプンが分解されてできる甘い「糖」をエネルギー源に生きている)。

その際、乳酸やアルコールなどの副産物が発生する。この副産物は、他の生物に役立つ「贈り物」であり、宝物だということだ。具体的には、牛乳に含まれる糖分を乳酸菌が分解して、「乳酸」という贈り物がいっぱい入ったヨーグルトができる。カビから進化した同じ真菌類の酵母がブドウの糖分を分解して、アルコールというギフトができる(酵母にとっては単なる排泄物だが)。

実は発酵微生物たちの分解は、中途半端で〝効率が悪い〟。

①私たちが酸素で呼吸する(=糖を燃やす)場合、糖を完全に分解し尽くし、最後は水と二酸化炭素CO_2以外何も残らない(それを吐く息で排出)。

②水と二酸化炭素は植物の役に立つが、その場合植物は「光合成」と呼ばれるように太陽の「光」という強いエネルギーを外からもらって有機物を合成する。ところが

③「発酵」では酸素や太陽光という外からの援軍は何もなく、微生物は体内の酵素だけで糖を分解するので、分解が「中途半端」で、ずっと少ないエネルギーしか得られない。

けれど分解が途中で終わっている分、残された副産物(乳酸やアルコール)にはエネルギー(宝物)がたくさん残っていて、私たち人間の役にも立ってくれる。

発酵は効率が悪い、だから役に立つ。
いわば「残り物には福がある」。

コウジカビなど菌類も自分が糖を食べたくてデンプンやセルロースを分解するが、そうして出来た糖はほかの多様な生物も食べられるギフトとなる。

また糖を自分が食べる際も、完全には分解しないことで、乳酸やアルコールのおかげで腐りにくく、保存が利き、またそれらを分解すればさらに栄養源になるような、人間にとっては大変ありがたい発酵食品という副産物を残してくれる。

お互いの廃棄物・排泄物を「宝物」として活用しあう、いわば"PoopLoop"(ゴミうんちの環)だ。

開放発酵槽でビールを発酵している様子

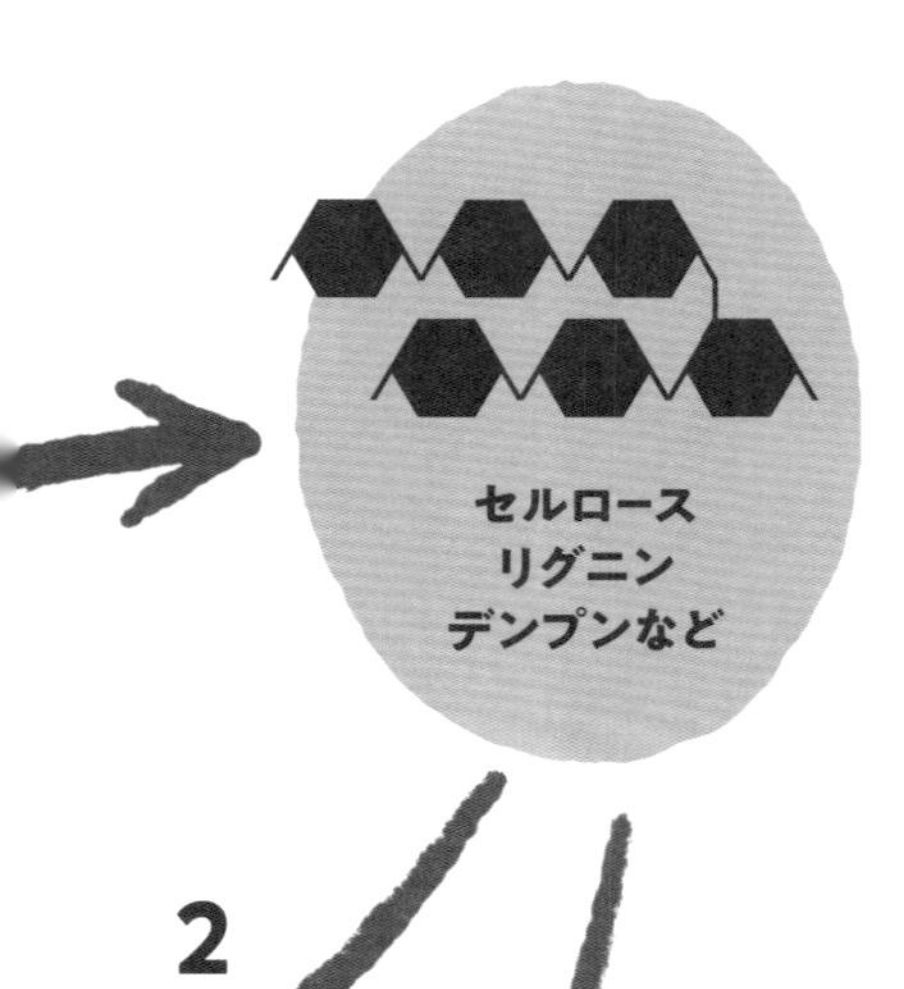

下り（分解と循環）

光合成の産物「糖」とそのかたまり
セルロースなどを分解する下りの3つのモード

A 燃焼＝特急で下る（分解）

1 1万円を一気に使い切る。セルロースで出来た薪（木材）や紙を「燃やす」と一気に燃えてなくなり、大きな熱（エネルギー）は出るものの、二酸化炭素CO_2と水に戻ってしまう。これでは生物は「糖」にパックされていたエネルギーをうまく利用できない。

B 酸素呼吸＝各駅停車で下る

そこで静かに2段階で燃やす。

2 まず、おコメを噛むと唾液で甘くなるように1万円札（セルロース、デンプン等）を10円玉（糖）に両替する（糖化）。

3 次に、それを「棚田」のように一段ずつ燃やし、各段で1円玉（ATP）として後で使えるように貯蓄する（最後はCO_2と水になる）。これが私たちの「酸素呼吸」。

C 発酵＝途中下車する

4 下りを「途中下車」、つまり最後まで分解せずエネルギーが残った状態の副産物が生じる。

微生物による発酵という生き方は酸素呼吸に比べて効率は悪いが（取り出せるエネルギーATPは酸素呼吸の20分の1）、その分エネルギーがまだ取り出せる「お土産」が残る。

実際、炭素6個の複雑な「糖」が**1**や**2**＋**3**では最終的に炭素1個のCO_2にまで分解されるが、**4**では炭素2〜3個のアルコールや乳酸・酢酸で分解がストップする。その分、残り物には福がある（＝まだエネルギーが取り出せる副産物が残る）というわけだ。

もちろん、いわゆる「発酵」は糖を分解する過程だけではない。先述のデンプンやセルロースを両替する段階もあり、また後にみるようにアミノ酸を合成する過程もある。「発酵」の概念自体が実に多様なのだ。

「分解と循環」のグルコース経済

「糖」をめぐる自然経済のプロセスをもう少し詳しくみてみよう。
「糖」の原材料はCO_2とH_2O。ありふれた材料CO_2（炭素1個）と水H_2Oから、太陽の力で炭素6個の複雑な有機物にまで組み上げているので、これ自体が「エネルギーの塊」といえる。（＝それを分解することでエネルギーが得られる！）

「糖」を10円玉とすると、10円玉のままでは貯金も持ち運びも大変。そこで「糖」を何万個もつなげて、いわば1万円札の札束にして貯蔵・運搬。それがおコメのデンプン、木や草の繊維のセルロース。図では、その「糖」のかたまりを分解してエネルギーを取り出す「下り」の3つのモードを中心に描いた。

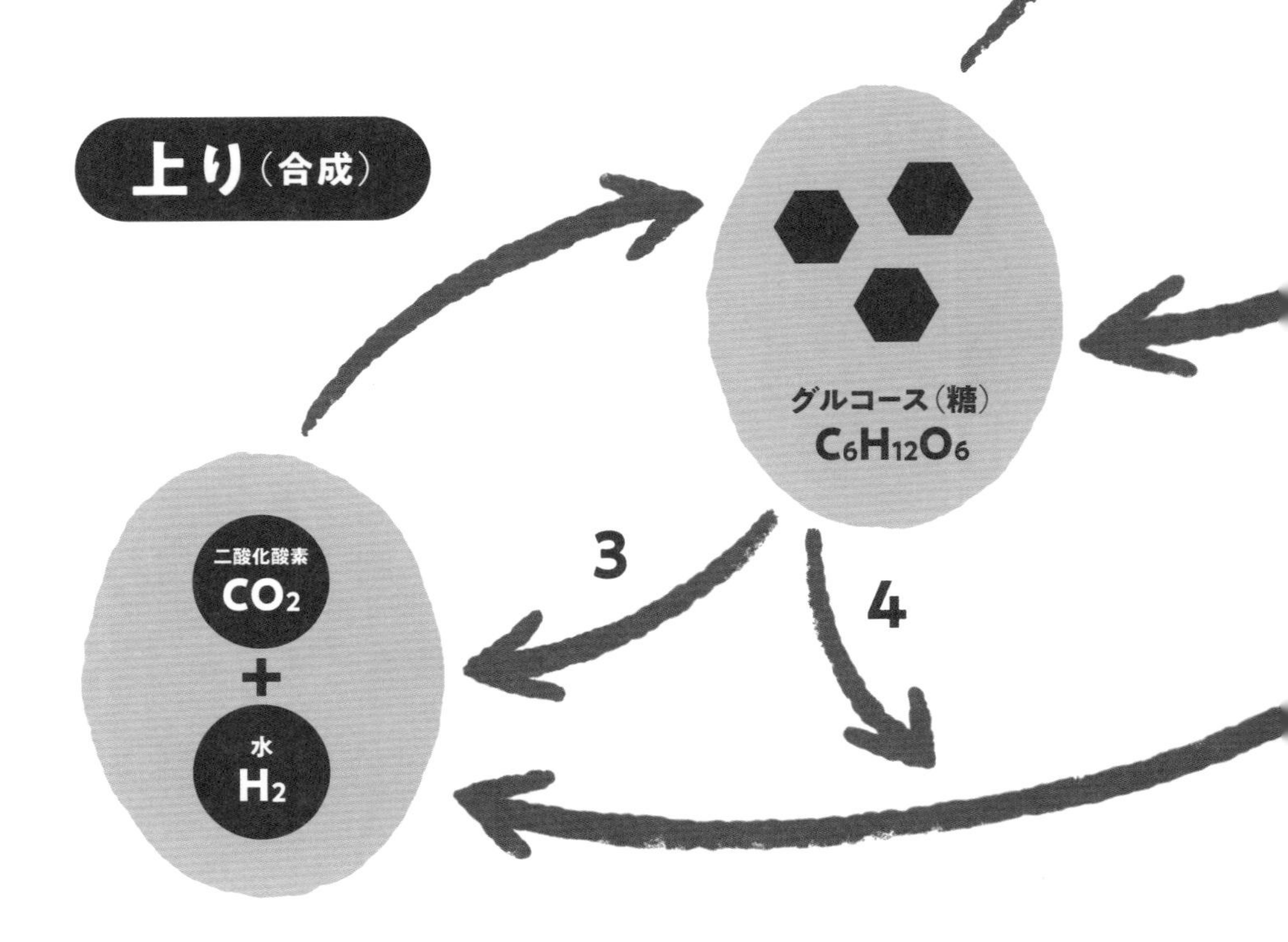

酵母の排泄物を飲む私たち
お馴染みの発酵食品はどうやって出来る？

酵母による「糖」（グルコース）の分解＝発酵過程が〝いい加減〟の「途中下車」ゆえ、たくさんの贈り物が残される。実際、かつてビールは「主食」であり、ワインは衛生環境が整わない時代には最も安全で栄養価の高い飲み物だった。アルコールの殺菌力も人類の強い味方だ。

古代日本でも行っていた「噛み酒」（神酒？）は、いわば人と微生物（酵母）の間を互いの食べもの（排出物）が循環する、サーキュラーエコノミーだ。日本の神話『古事記』には、食べ物を自分の体から出してスサノヲをもてなそうとしたオオゲツヒメが登場する。突拍子もない話に思えるが、それも古代の「噛み酒」の伝統を考えると不自然ではない。

糠（ぬか）漬けをはじめ発酵食の漬物はもとの（生の）野菜より栄養価が高まっている。微生物がビタミンや乳酸などの短鎖脂肪酸を多く産生するからだ。

樽の味噌

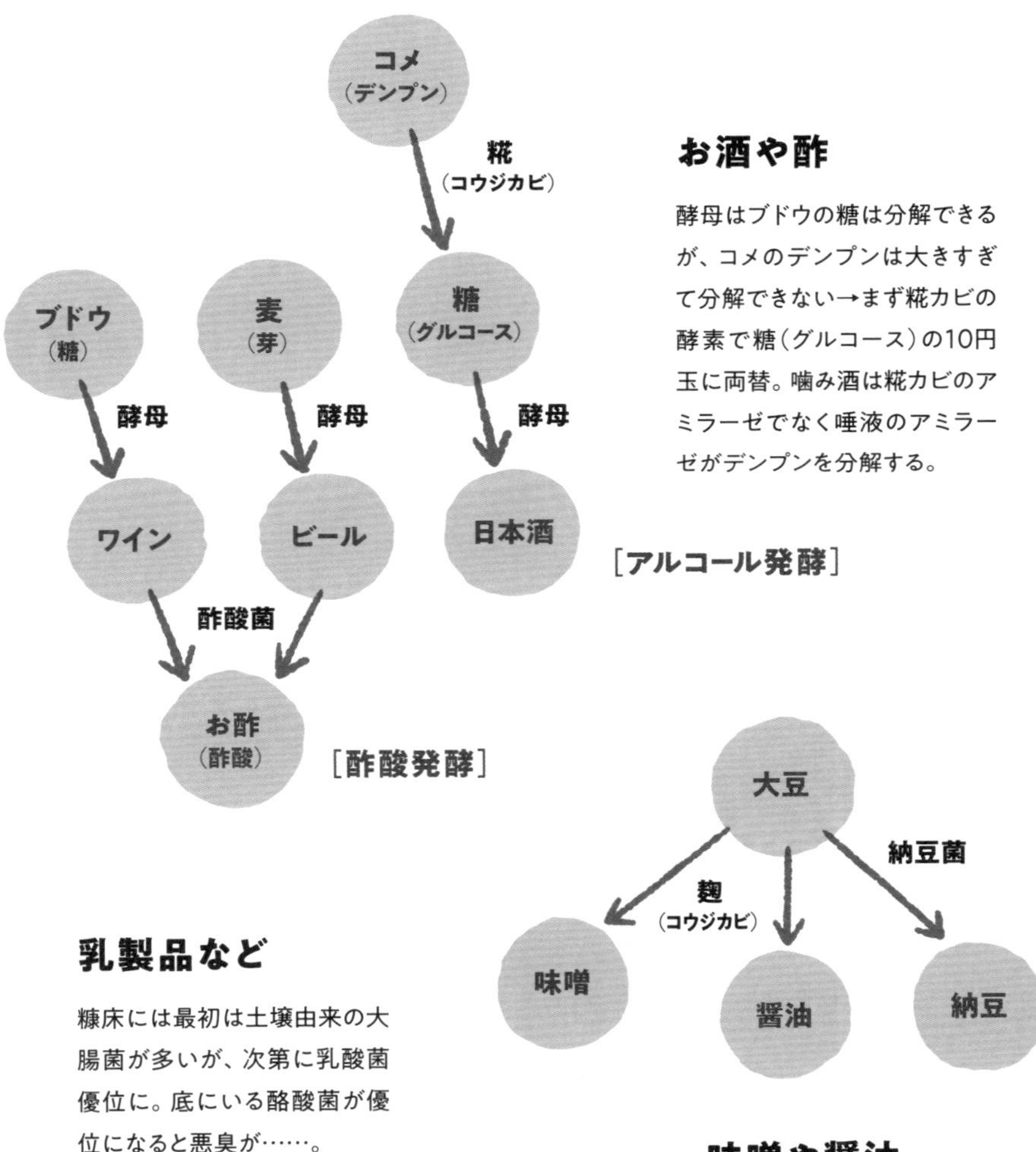

お酒や酢

酵母はブドウの糖は分解できるが、コメのデンプンは大きすぎて分解できない→まず糀カビの酵素で糖（グルコース）の10円玉に両替。噛み酒は糀カビのアミラーゼでなく唾液のアミラーゼがデンプンを分解する。

乳製品など

糠床には最初は土壌由来の大腸菌が多いが、次第に乳酸菌優位に。底にいる酪酸菌が優位になると悪臭が……。

味噌や醤油

納豆はもともと“わら納豆”。大豆を包む稲わらに付いていた納豆菌（土壌バチルス菌の一種）が、大豆をスーパーフード「納豆」に変えた。

私たちは「歩く糠床（ぬかどこ）」⁉

私たちの腸（大腸）のなかでも、同様の発酵プロセスが進行していることがわかってきた。人は消化できないと思われていた食物繊維（セルロース）も、私たちのお腹のなかの「腸内細菌」の餌になるのだ。

おコメのデンプンの1万円札は唾液で糖に「両替」して消化吸収。全身の細胞に運ばれて、ミトコンドリアの酸素呼吸でエネルギーを取り出して、二酸化炭素CO_2と、水H_2Oまで分解して排出。でもセルロースの1万円札は消化されないまま大腸まで流れていく。

あとは便になって排泄されるだけかと思いきや、そこで「待ってました！」と腸内細菌たちがセルラーゼ酵素でそれを「糖」に分解。そしてその先は「途中下車」の発酵コース。まだエネルギーが残った「短鎖脂肪酸」（乳酸・酢酸・酪酸）の段階で分解が中断される。これら短鎖脂肪酸は人間にとっても最上の「薬」だということがわかってきた。

「食」は〝人を良くする〟と書く。未来の食をリデザインする鍵が、腸内細菌とのパートナーシップにありそうだ。

短鎖脂肪酸という「宝物」

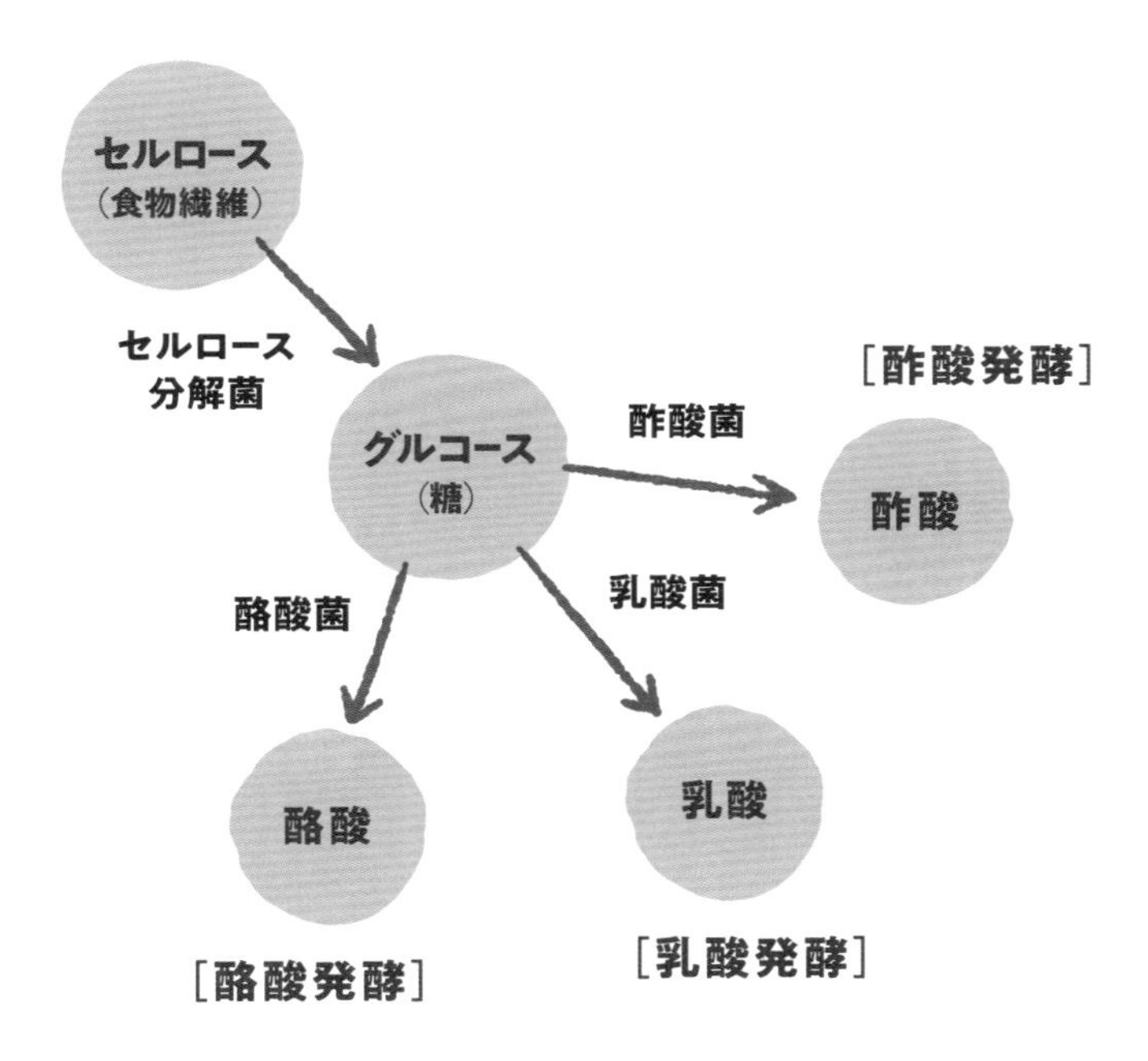

腸内の乳酸菌、酢酸菌、酪酸菌、ビフィズス菌などが作る短鎖脂肪酸は、

①乳「酸」、酢「酸」というくらい、腸内を弱酸性に保ち、悪玉菌の増殖を抑えてくれる。
②腸管のバリア機能、免疫細胞を活性化する役割を果たし(病気予防の強い味方!)、
③血糖値もコントロールし(インスリン分泌調整)、糖尿病も予防。
④さらに肥満を抑えていることも判明した!
⑤もちろん元々いわれていたように食物繊維は「便通」も良くする。

でも、食物繊維はそんな単なる"食べかす"ではない! 腸内のパートナーたちの
ごちそうであり、その産物が私たち人間にとっての宝物だという点が大切だ。

ちなみに漬物や発酵商品がからだに良いのも同じ理由から。
「発酵」を腸内でやるか? 腸外でやるかの違いだが、パートナーたちの働きは同じだ。

牛のなかの循環 PoopLoop

牛の胃も発酵タンク？ ヨーグルトを反芻？

牛は反芻（はんすう）動物。食べた草を何度も胃から口に戻してモグモグしている。牛は何のために反芻？ 実は胃の中の微生物たちのためらしい。

牛は第一胃（ルーメン）では、セルロース分解菌が草を糖（グルコース）に分解し、乳酸菌・酢酸菌といった発酵微生物が有用な短鎖脂肪酸を産生する。さらにセルロース分解菌はその消化を助けるだけでなく、それに窒素Nを追加してアミノ酸（→タンパク質）を合成する。

第一胃には約２００種の細菌や原生動物がヨーグルト様の沼に生息している。原生動物がバクテリアを食べては、その死骸がまたバクテリアの餌になり、そのすべてが最終的に牛のタンパク源となる。

だから「草だけ食べる」ベジタリアンの牛があの巨体（肉）を作り、人間と食糧競合しない（鶏は草を消化できないので、人間が食べる穀物を餌として与える必要がある）。

「草食動物」としての牛は本来、地球や人間に優しいはずだ。

牛が草を食べ、そのうんちも他の生き物の宝物になる？

草にはアミノ酸も含まれている。そして、牛糞にも草の食べかす（セルロースや糖、乳酸など）とともに、タンパク質の構成ブロックのアミノ酸も大量に含まれている。アミノ酸は窒素Nを含み、この「窒素」を循環させることも生命の経済のもうひとつ大切なポイントとなる。

なぜ窒素Nが大事なのだろうか？ 生命経済の基本通貨「糖」とアミノ酸の関係は？

クルマにたとえると、

「糖」＝燃料ガソリン
（糖の塊りのセルロースやデンプン、脂肪も）

それに対し、
「アミノ酸」（タンパク質）＝車のボディ

筋肉だけでなく骨も皮膚（コラーゲン）も、赤血球のヘモグロビンや消化酵素も、全身のパーツはすべてタンパク質で出来ている。肝心のボディがなければ、ガソリンだけあっても意味がない。

牛はアミノ酸を草から摂取するのみならず、自分の体内でも作ることができるというわけだ！

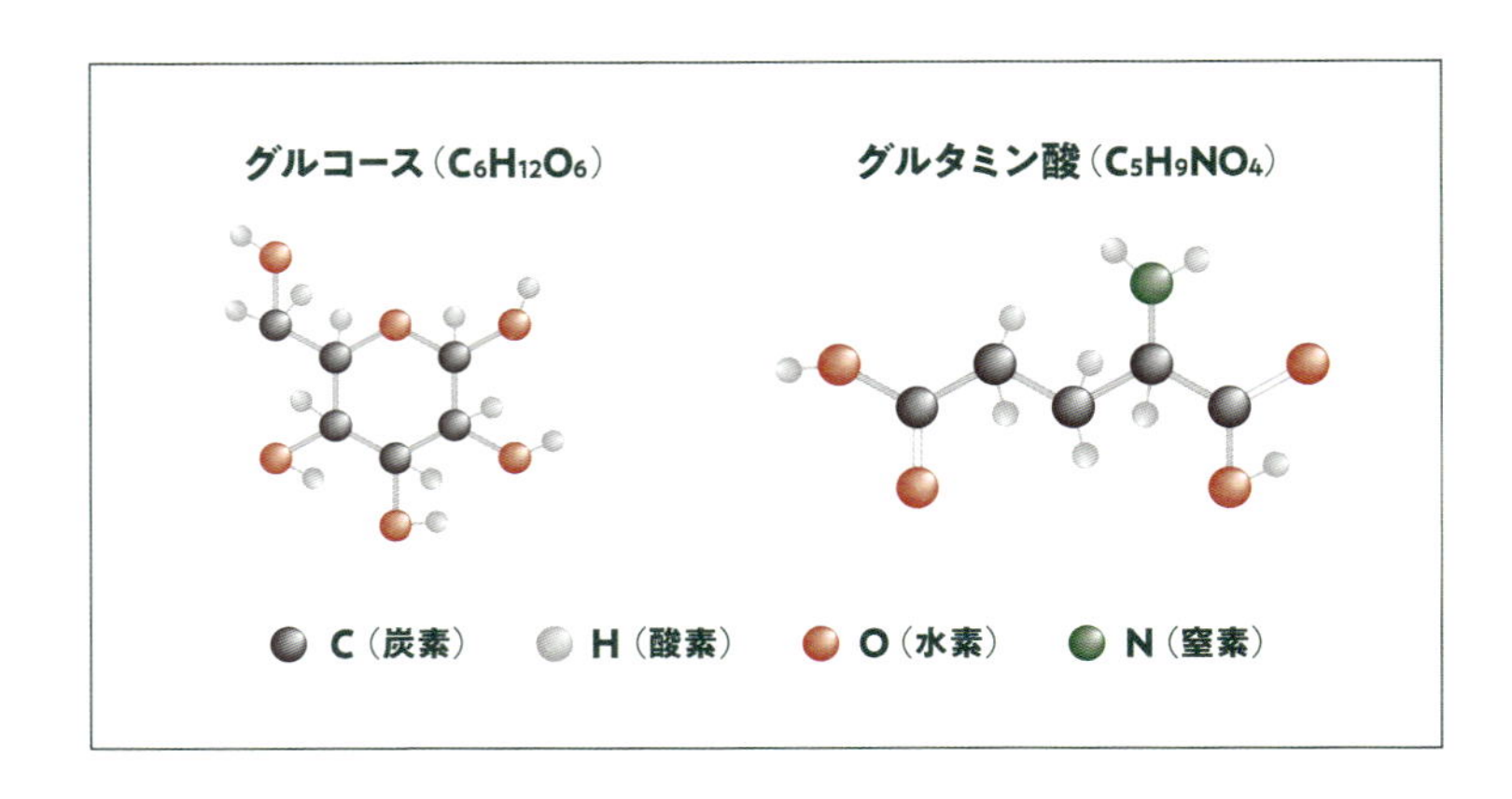

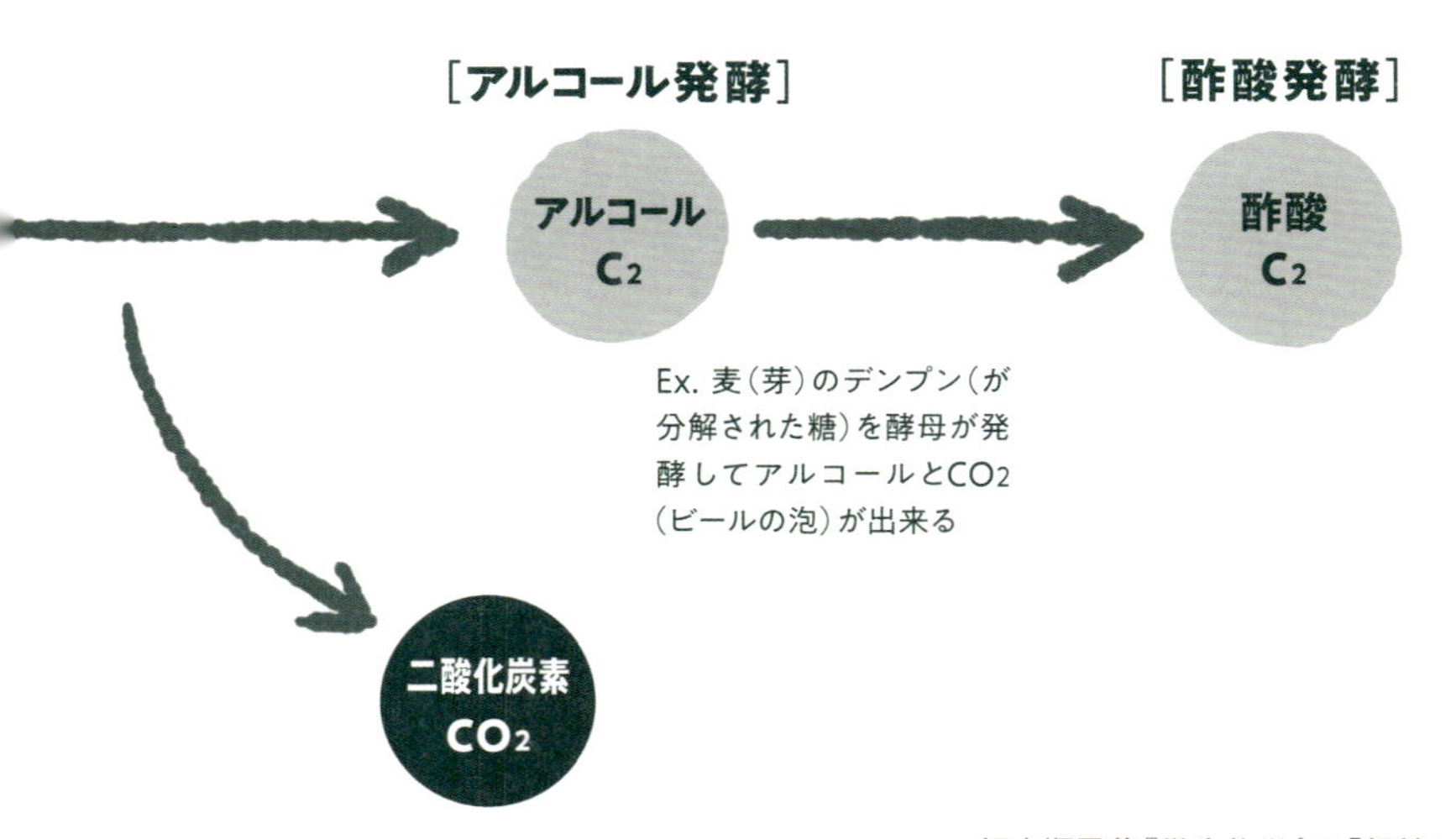

坂本順司著『微生物学』の「解糖と発酵の多様性」(図3–1)をもとに作成。本項に関わる要素に絞り、途中の生産物は省略。プロセス全体を簡略に表現した。糖(C6)から乳酸や酢酸(C2、C3)への「分解」(途中下車)に対し、一番下のアミノ酸への経路はむしろ「合成」だ。「発酵」概念の多様性がここでもみてとれる。

糖の分解とアミノ酸合成

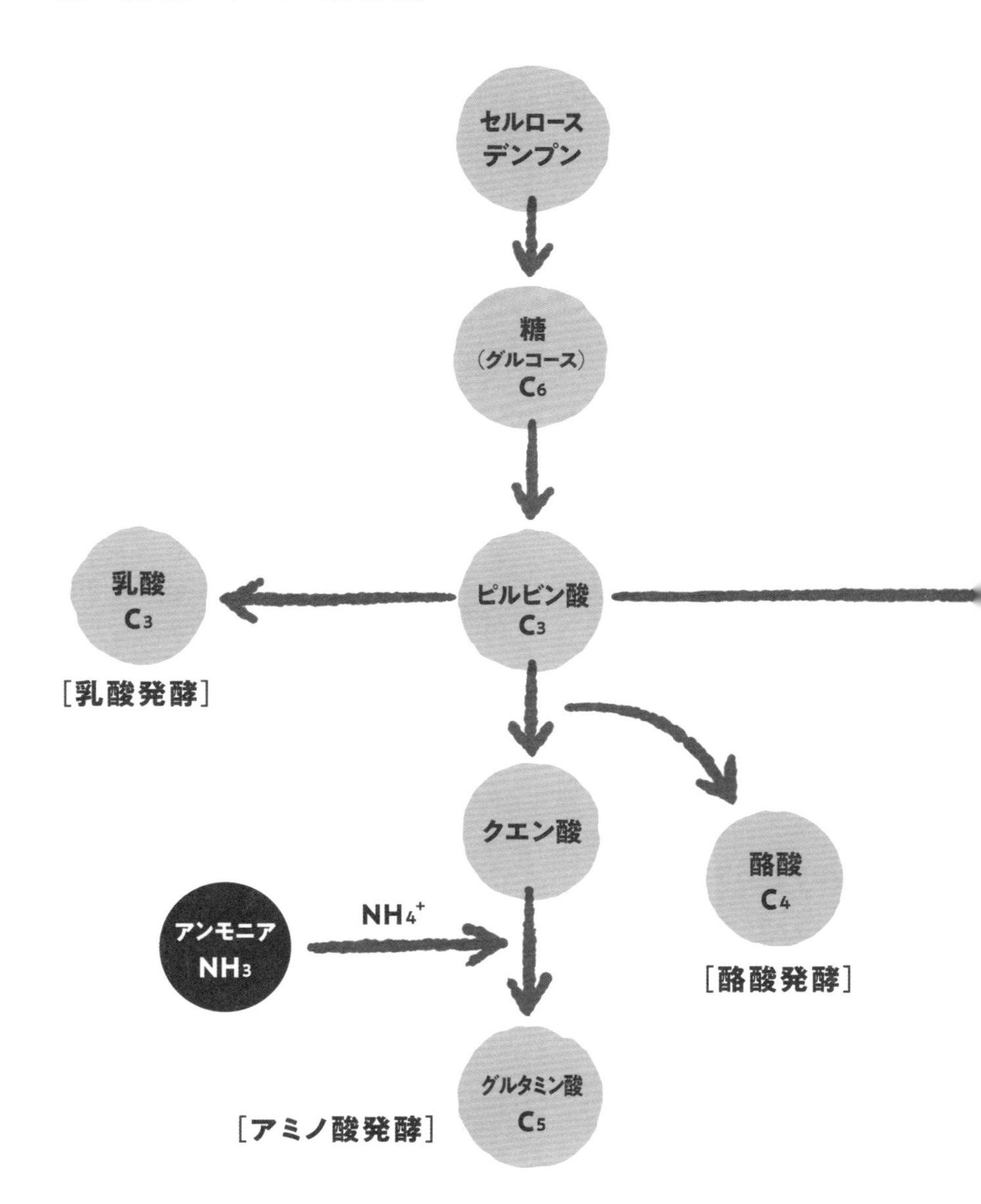

窒素循環の仕組み

〝畑の肉〟と呼ばれるほどタンパク質が豊富な大豆。それは、大豆などマメ科の植物が、タンパク質とその構成パーツであるアミノ酸に必須の窒素を取り込む能力が高いからだ。それはマメ科植物の根に共生する根粒菌のおかげだ。

光合成は「炭素固定」（空気中の二酸化炭素CO_2から炭水化物を作る）。それに対し、アミノ酸の合成は「窒素固定」（空気中の窒素Nからアンモニアなどの窒素化合物を合成する）。これは実は、植物は自力ではできない。そこで次の3つの方法がある。

①雷（稲妻）
稲の妻というとおり、雷が空中の窒素Nを植物が利用できる形で捕獲する。でもそれは自然界の窒素固定の1割にすぎず、大半は②のバクテリアに依存している。

②根粒菌
植物の根に共生する窒素固定菌。このバクテリアが植物から「糖」をいっぱいご褒美にもらいながら、窒素Nと水素Hの結合物であるアンモニア（NH_3）に合成する。

↓ならば尿（小便）のアンモニアも役立つ？ はい、農民は昔から肥料に活用。それどころか火薬の製造にも使われた。

（↓Part 3）

③化学肥料
自然界の「窒素固定」を模倣し、人工的に窒素肥料を作る技術が20世紀に開発された。（↓Part 4）

こうして生命に必須の窒素Nが空気中から土壌・植物へ、それを食べる草食動物や人間に、そして再びそこから大気へと循環する様子を次の70〜71ページの図に描いた。枯れた草木や牛など動物の糞尿・遺体から、窒素栄養分が大地に環流してゆく。アンモニアNH_3（アンモニア態窒素）↓硝酸態窒素NO_2→NO_3という「硝化」過程を経て、植物に再び吸収され、あるいは「脱窒」で大気に戻って、再び窒素固定のループをめぐる。

自分の排泄物をリサイクルして窒素を自己PoopLoopするゴキブリ

生き物のからだに窒素は不可欠。ところが昆虫の食餌には窒素が乏しい。そこで窒素を補う驚きのノウハウが「体内での排泄物のリサイクル」──。
昆虫の多くは体内の窒素老廃物を「尿酸」として排泄するが、何とその尿酸を「貯蔵」する尿酸細胞というものがあり、窒素源が不足する時期にその貯金を少しずつ食い潰す、というレジリエンス戦略を持っている。

うんちもオシッコも、ただ排泄すれば良いというものではない。排出してまわりの他の生物のお役に立つという以外に、いざという時のための自分の貯金に取っておくという生命戦略もあるわけだ。

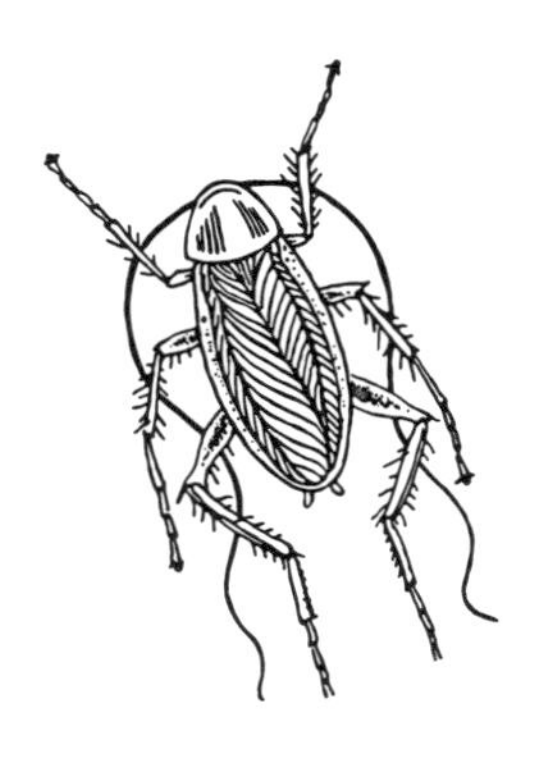

なお窒素と並んで、遺伝子（DNA／核酸）やATP（体内のエネルギー通貨）を構成する必須要素であるリンPも、植物はやはり自力では取り込めず、同じく根に共生する「菌根菌」の力を借りて地中から獲得する。この協力関係は4億年前の植物（藻類）の海から陸への「上陸」の頃からの切っても切れないパートナーシップらしい。

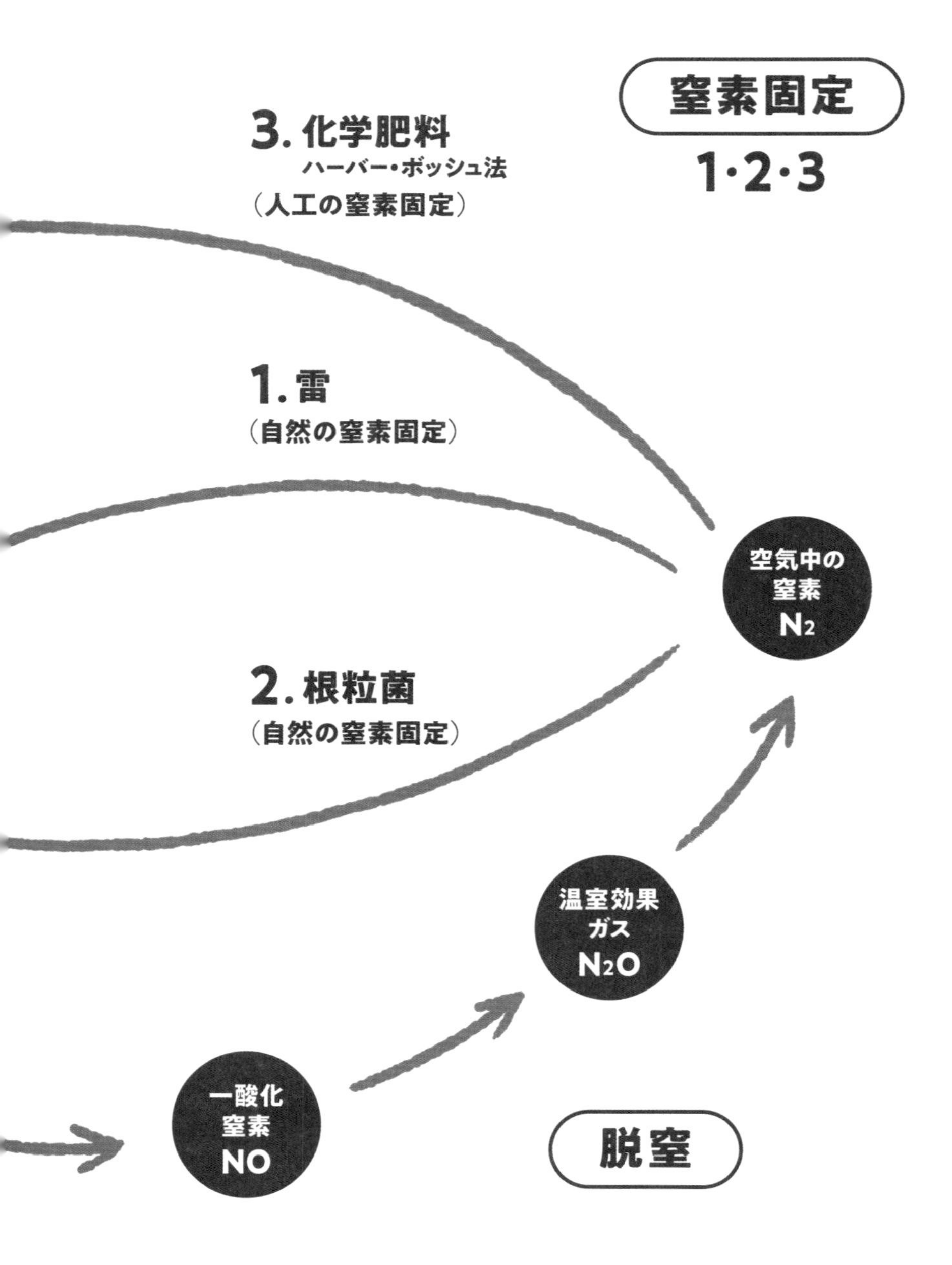
窒素固定
1・2・3
3. 化学肥料
ハーバー・ボッシュ法
（人工の窒素固定）
1. 雷
（自然の窒素固定）
2. 根粒菌
（自然の窒素固定）
空気中の
窒素
N_2
温室効果
ガス
N_2O
一酸化
窒素
NO
脱窒

窒素が循環する流れ

大気中の窒素Nは、自然界では**1·2**の経路で植物が吸収できるアンモニア態窒素に固定される（アンモニアNH_3はpH 7以下では水に溶けた状態でアンモニウムイオンNH_4^+となっている）。

植物はそれを吸収してアミノ酸を合成（根粒菌もある程度アンモニウムからアミノ酸に合成した状態で植物に渡すようだ）。

枯れて倒れた植物、また植物を食べた動物の糞尿や遺体（いわば"森のゴミうんち"）には大量の窒素分＝アミノ酸や核酸が含まれる。それらは自然界でアンモニウムに戻り、「硝化菌」などの働きで硝酸態窒素NO_3^-に変化する。

これは植物（作物）の養分ともなるが、（－）イオンのため同じ（－）イオンの土（粘土）と反発しあい、雨などで流れやすく肥料成分がそのぶん失われる。土壌を酸性化する要因ともなる。

だが反面、水中では魚の糞など窒素分の有毒なアンモニア化を抑える機能もあるようだ。

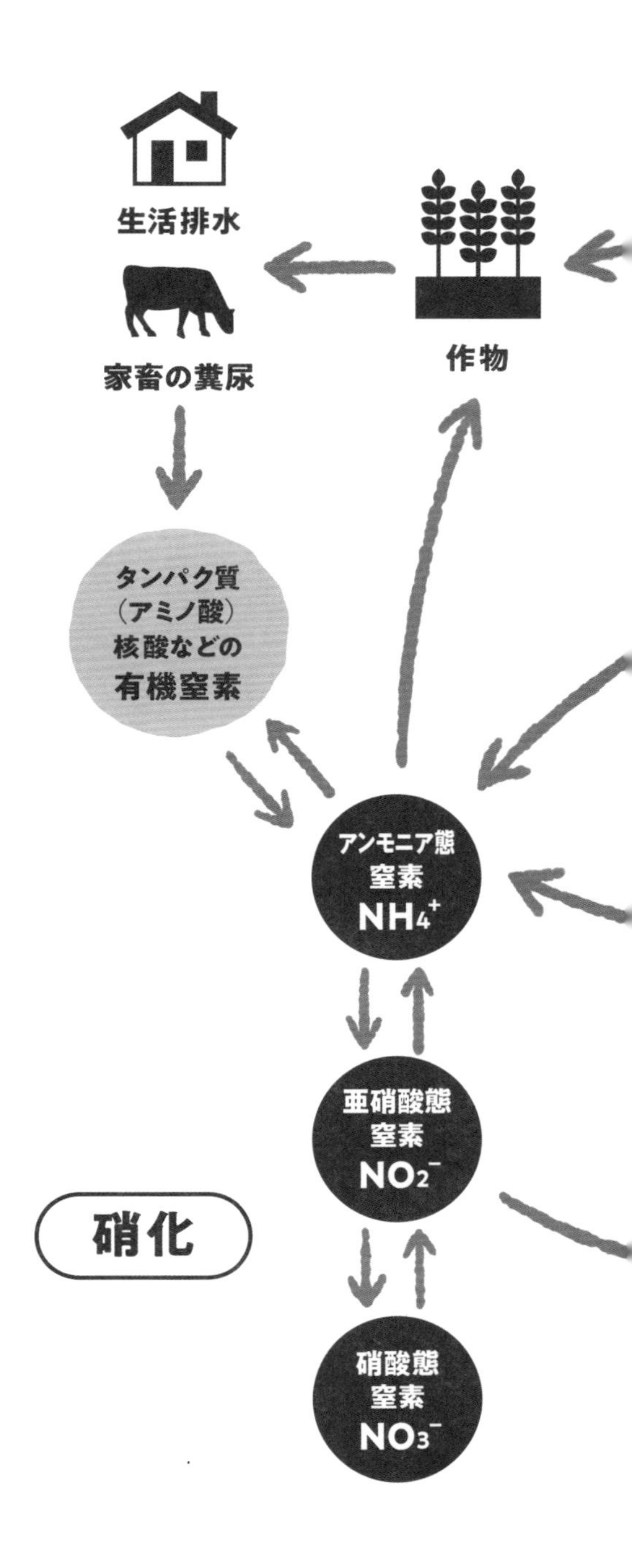

陸と海をめぐる窒素の「環」

現代では忘れられがちだが、水田や海辺の干潟も健全な窒素循環に大きな役割を果たす〝地球の器官〟だった。

それらがここ数十年で大きく減少したと同時に、化学肥料や生活排水、畜糞から、土壌や川や海に流入する窒素分（硝酸態窒素）が増えたことで、窒素汚染が深刻化している。具体的には、富栄養化（赤潮発生＝植物プランクトンが異常発生し、水中の酸欠で魚が死ぬなどの現象）が起こって、大気汚染ＮＯｘ（ＰＭ２・５）も発生する。

日本ではあまり注目されていないが、世界では窒素循環（窒素汚染）が大変な環境問題になっている。

食糧増産で現在、人工窒素固定（前ページ**3**の化学肥料）が自然の窒素固定（**1・2**）を上回る規模となった。化学肥料は雨に流れやすいため、その大半が植物に吸収されず、硝酸態窒素となって川や海を汚染する（富栄養化）。さらに肉食の増加にともなう畜糞からの窒素分（牛豚だけで30億頭超！）、人口爆発にともなう生活排水からの窒素分（下水処理を経ていない人間の糞尿もある）で、この星の窒素循環はかなり撹乱されている。

Ｐａｒｔ４ではこうした現代の窒素汚染、人類活動による窒素循環の撹乱、Ｐａｒｔ５ではその問題の解決のヒント（おいしい牛乳は〝おいしい牛糞〟から）も紹介しよう。

干潟はなぜ大切か?

干潟は干潮時は酸素が供給されるので「硝化」で魚の糞のアンモニア毒を分解し、満潮時は(冠水して酸欠になるので)還元環境で「脱窒」し、「富栄養化」を抑止する。

水田はなぜ大切か?

日本などモンスーンアジアでは雨が多く植物の生育も早い。そこでは、土壌中の肥料成分(窒素やリン、カルシウムやカリウムなど肥料となるミネラル分)が土壌から流亡して不足しがち。土壌の「酸性化」が進む。それを補完する知恵が水田だったかもしれない。

水田は水を貯め、スローな水環境で生き物を育み(生物多様性)、上流から毎年新たな肥料成分を補充し、さらに水を張って酸素が足りない(還元)環境を作ることで「土壌の酸性化」を抑え、肥料成分を確保する画期的な手法だった。単なる「コメ工場」ではない水田の現代的価値を再評価すべきときだ。

地球史上2回目の「鉄の大濃縮」
「人新世」後の風景

27億年前、大酸化事件で海底に濃縮された「鉄」を逆手にとって大繁栄した生命が数十億年後に出現する。そう、私たち人類だ。

4000年前のヒッタイトに始まり、スキタイ、漢、ローマ、日本刀で独自な鉄の文化を育んだ日本……。そして近代製鉄は鉄の船を海に浮かべ、何万キロにも及ぶ「鉄の道」を大陸を横断して敷設するに至った。

特にこの半世紀のメガシティの増殖で膨大な量の鉄が高層ビルや交通機関に使われ、鉄の都市部への濃縮が著しい。これは地球史的にみれば、光

合成革命以来の「生命による鉄の濃縮」（Bio-Mineralization）の大事件といえる（宮本英昭ほか『鉄学――137億年の宇宙誌』参照）。

これが鉄のゴミとして残る未来を想像してみよう。地質学的に新たな年代「人新世」と呼ばれるのもわかるというものだ。

だが、新たな地球史的段階に移行する兆しもある。すでに粗鉄鋼の生産量は頭打ち。より軽量で強靭なカーボンナノチューブや人工のクモ糸（→Part5）が「鉄の文明」の次の章を予感させる。

2050年を目処に建設が予定されている宇宙エレベーターや海上都市は何で作られるのだろうか?

現代文明を支える地球のゴミうんち
石油・石炭・石灰岩

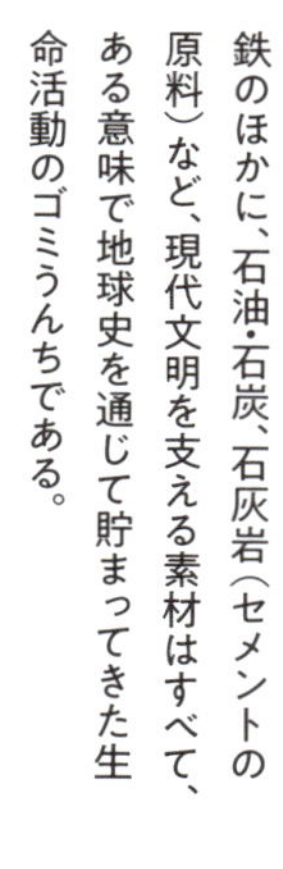

鉄のほかに、石油・石炭、石灰岩（セメントの原料）など、現代文明を支える素材はすべて、ある意味で地球史を通じて貯まってきた生命活動のゴミうんちである。

バクー油田

石油はどうやって出来た？

1億年前、恐竜時代の白亜紀、インド亜大陸とユーラシア大陸の間に広がっていた古代の地中海（テチス海）。当時はいまよりはるかに高温で、その浅い海で海底に溜まったプランクトンの死骸や魚のうんち（沈降したマリンスノー）が「酸欠」のため分解されず、石油のもととなった。

やがてインド亜大陸がユーラシアに衝突し、インド周辺のイランやカザフスタンなどに油田や天然ガス田が分布することに。ちなみにカスピ海はその古代地中海の名残り（内海として残った部分）で、有名なバクー油田（アゼルバイジャン）がある。

イギリス・ケント州のドーバー海峡に面した白い断崖

石灰岩の奇岩の風景はどうやって出来た？

現在の大気中の二酸化炭素CO_2濃度は約0・04％（420ppm）。しかし太古の地球の大気のCO_2濃度は90％を超えていたと考えられている。では、その大量のCO_2はどこへ消えたのだろう？ ヒントはドーバーや桂林の絶景にある。

そう、石灰岩という炭酸カルシウム（CO_2がカルシウムと結合して固定されたもの）に貯蔵されている。サンゴや貝殻、ドーバーの場合は円石藻という植物プランクトンがもとになっている。

石炭はどうやって出来た？

高層ビルのような巨木を支える堅牢なリグニンを分解できる真菌類がまだ進化していなかったうえに、当時の高温の地球環境で、湿地で水没した巨木のシダ類は酸欠で微生物が分解することもできず、うず高く積もっていった。それが長い時間をかけて泥炭から石炭になった。

プラスチックも石油から作られる？

石油はもともと植物プランクトンの死骸などが海底に溜まり、それが分解されずに変性したもの。植物プランクトンは光合成で炭素Cと酸素Oと水素Hを結合して「糖」を作って生きているが、それが長い時間をかけて地中で濃縮され、酸素Oが抜けてCとHだけの「炭化水素」になった。

ガソリンなどの燃料にするにも、酸素Oが入った糖のかたまりである木材より、CとHだけの炭化水素のほうが酸素Oと結合しやすく、大きな燃焼エネルギーが出る。

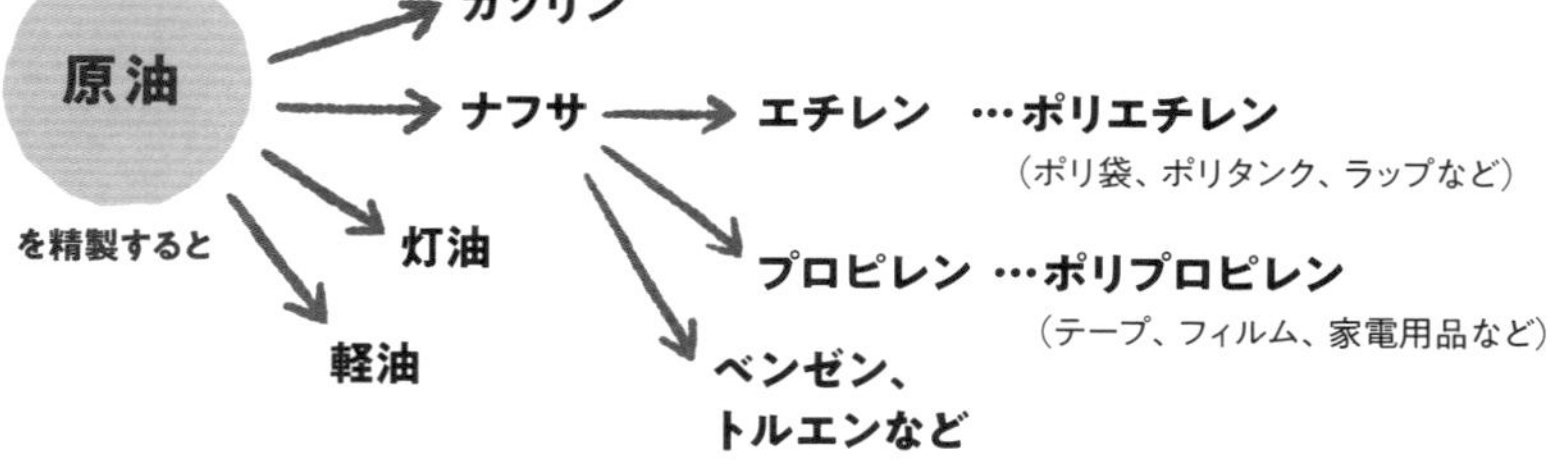

たとえば「ポリ袋」でおなじみのポリエチレン。〝ポリ〟はもともと「多数」「複数」という意味（「ポリフォニー」といえば多声音楽だ）。だから、この場合は「エチレン」という炭素Cと水素Hの結合体（「炭化水素」という）がズラズラとつながったもの、ということになる。

エチレンは石油から、正確には石油を精製して取れるナフサから抽出する。それを「重合」して（多数つなげて）「ポリ」エチレンができる。

原油を精製すると
→ ガソリン
→ ナフサ → エチレン …ポリエチレン（ポリ袋、ポリタンク、ラップなど）
　　　　→ プロピレン …ポリプロピレン（テープ、フィルム、家電用品など）
　　　　→ ベンゼン、トルエンなど
→ 灯油
→ 軽油

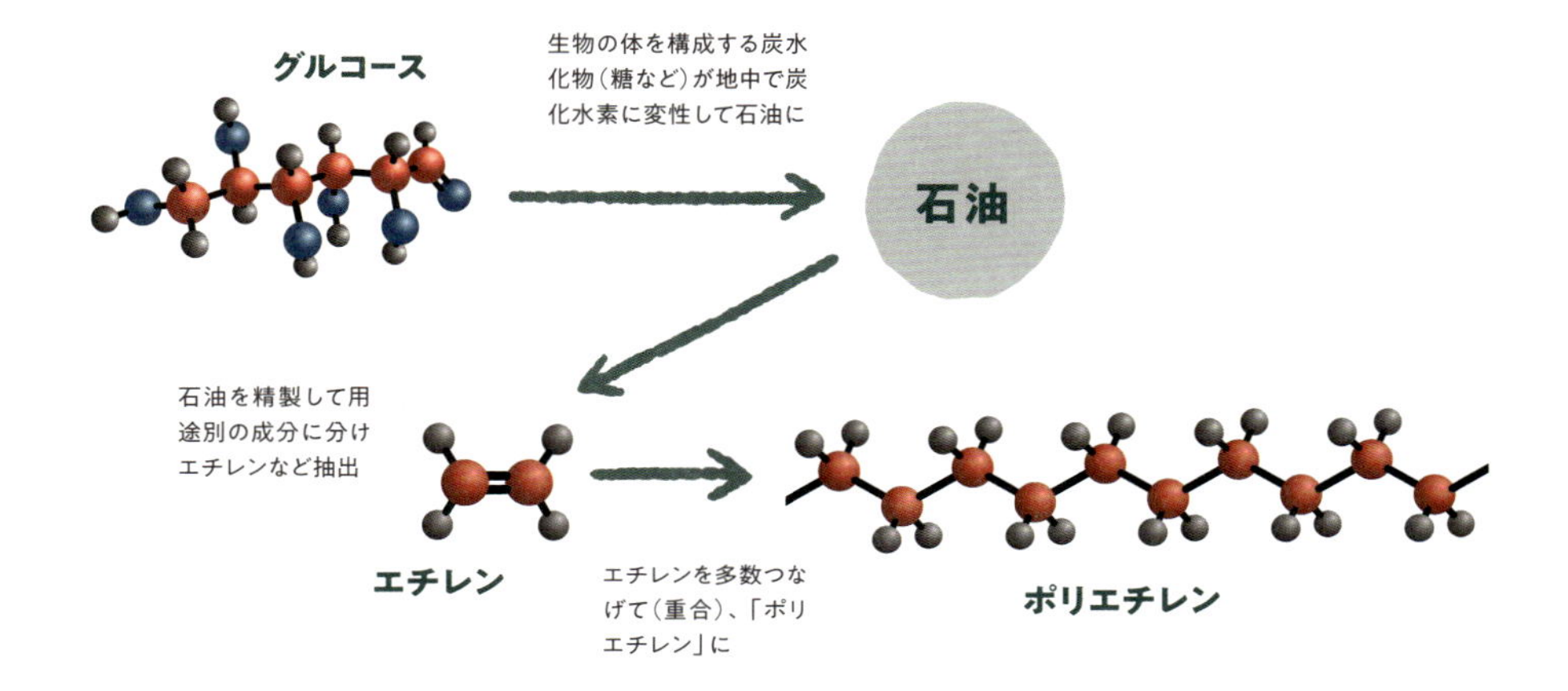

石油から作らないプラスチック

「脱炭素」「脱石油」で注目される植物由来のプラスチック。たとえばサトウキビの糖分、トウモロコシのデンプン（糖のかたまり）を「乳酸発酵」（→Part 2）で乳酸に。それを重合して出来る「ポリ乳酸」は、

1. 捨てても土中でバクテリアによって分解されるので「生分解性」プラスチックと呼ばれる。

2. 燃やすとやはりCO_2が出るが、もともと原料の植物が光合成して生長する過程で吸収したCO_2と相殺されるので「カーボンニュートラル」（=差し引きゼロ）！
数億年前の光合成による太陽エネルギーのパッケージ（石炭・石油）を掘り出さずとも、「いま、ここ」に降り注ぐ太陽エネルギーの缶詰をもっと使えるはずだ! しかし、

3. 人間の食糧や家畜の飼料であるトウモロコシがプラスチックやバイオ燃料に使われると「食糧競合」という問題が生じる。

だから木くずや稲わらなど、同じ「糖」のかたまりで廃棄物になっている資源を有効利用することを考えたい（→Part 5）。

森のゴミうんちのミルフィーユが地球史の標準年表に

春には湖のプランクトンが大増殖――。
その死骸や魚のうんちが湖底に沈み、秋には森のゴミ＝落ち葉が、
冬から早春には大陸からの黄砂や鉄分が溜まってゆく。
そうして出来たカラフルな地層の縞々（ミルフィーユ）。

福井県の水月湖には流れ込む河川もなく、その層が乱されること
なく綺麗なレイヤーになった。それをボーリングで掘り出すと、そ
れは世界でもまれな1年ごとの地球の記録となっていた。

何年に火山の大噴火があったとか、この数十年は異様に地球が寒冷
化していたなど、7万年にわたる「地球の履歴書」。

世界標準となった地球時計がこの日本にある。

三方五湖（中央が水月湖、福井県若狭町）

水月湖の年縞
（縄文時代前期〜早期）
提供：福井県年縞博物館

ゴミうんちから見た日本の歴史と文化

3

Part 3

「ゴミうんち」の視点でみると、日本はとても面白い。

“Mottainai”文化は世界で有名だが、
日本のユニークさは単に、
捨てるのを「もったいない」と思うだけではない。

たとえば長年使って役目を終えた道具を、
ただ廃棄するだけではなく
「供養」したり「塚」を建てたりする変わった民族性。

割れた食器に、
元の状態に「修復」する以上の価値を付加する特異な文化。

小便から火薬や花火を作り、
人類史上初めて大都市で糞尿を
「資源」としてアップサイクルした文明。

日本の創世神話は、
はじめから糞尿の創造的な役割を示唆する寓話に満ちている。

このパートでは、こうした日本人の心の原風景をめぐってみよう。

100万都市・江戸のPoopLoop
君のうんちはいくらで売れる？

日本の江戸では18世紀から人糞を肥料（下肥）として循環利用する社会ＯＳが整備されていた。

江戸の長屋や屋敷から下肥を回収するときには、それと引き換えに、その肥料で育てた野菜が置かれていった。お金を払って人糞を処分してもらうのでなく、むしろ「うんち」は貴重な商品（資源）だった。質素な食事の武家屋敷の下肥より、商家の贅沢な食事の「産物」のほうに高値がついた。江戸の町は「大肥料工場」でもあったのだ。

同時代のヨーロッパと比べ、いや現代の私たちの社会と比べても、江戸の社会ははるかにグッドデザイン。でも悲観することはない。

１００万都市をクリーン＆サステナブルに運営した18世紀の「江戸のエコ」は、実は17世紀の高度成長がもたらした資源・環境制約へのクリエイティブな応答でもあった。まさに現代の私たちに似た状況からのＶ字回復だったのだ。

家康の江戸開幕以降の１００年で、日本の人口も米の生産量も倍増した。当時のエネルギー資源である薪炭の需要激増で山も禿山に。そこで森林保護や「もったいない」思想が社会に広がり、ゴミうんちのリサイクルでRegenerativeな食糧生産も可能になった。

これをジャレド・ダイアモンドは名著『文明崩壊』のなかで、環境危機と資源制約からＶ字回復した、世界史上唯一の例として紹介している。歴史を学ぶのは、未来をデザインするためだ。江戸人がサステナブルになるために、どれだけクリエイティブな自己変革を行ったか？ そして今度はそれを地球規模でやるだけだ。

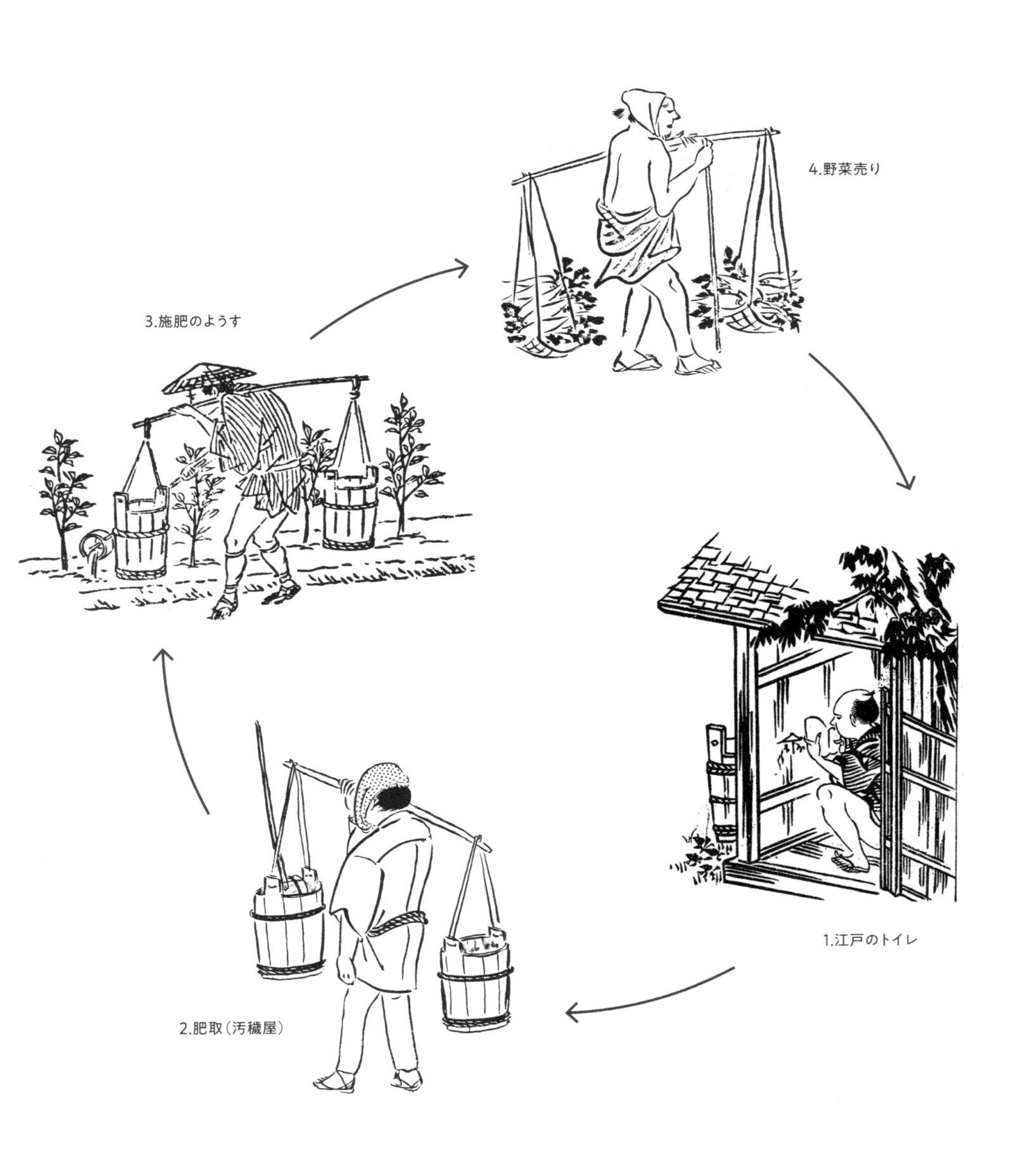

1.梅亭樵父『百人一首地口絵手本』（刊行年不明）
2.清水晴風『世渡風俗図会』（明治時代）
3.大蔵永常『広益国産考 8巻』（1844）
4.古澗『人物草画』（1724）

うんちの錬金術

20世紀の水洗トイレ文明は、衛生的な生活環境を担保するためにうんちを流して捨てる（下水道で「遠く」に運んで処理する）という集中システムを構築してきた。流す私たちからみれば、効率的に「忘却」するシステム。うんちのことを考えなくて済む。

でも、それは「うんちを野菜や米に変える」錬金術を100年以上に渡ってサステナブルに行っていた江戸期の日本と比べて、トータルエコノミーとしてどちらが効率的で生産的なシステムといえるだろうか？

江戸のアップサイクルこそ未来の地球OS「第五の農業革命の核心である」と注目するのは、『土の文明史』などで現代の農業と土壌劣化に警鐘を鳴らしてきたデイビット・モントゴメリーだ。彼は100年前のフランクリン・H・キングの名著『東アジア四千年の永続農業』に触れながら、次のように語る。

長屋の汲み取り。十返舎一九『滑稽膝栗毛』（1814）より

錦絵に描かれた肥取。渓斎英泉『東都花暦・隅田堤之桜』(江戸時代)より

「日本人が〔引用者注：人間の排泄物の田畑へのリサイクルによって〕畑に戻す窒素、リン、カリウムの量を推定したキングは、作物に取られたのと同じ量を足していることを知った。彼らは輪を閉じて、栄養を土から作物へ、それから人へ、そして再び土へと循環させていた。(中略)〔キングが訪れた香港でも〕灰、〔人間の〕し尿、畜糞は丁寧に集められ、堆肥にされて再び作物の肥料になる。(中略)極東全体では、毎年一億八二〇〇万トンの人糞が畑に戻され、その中には一〇〇万トンを超える窒素、三七万六〇〇〇トンほどのカリウム、一五万トンのリンが含まれているとキングは推定した。(中略)毎年、アメリカとヨーロッパでは、〔こうしたリサイクルをしないために〕人口一人あたりおよそ二キロから五・五キロの窒素、一キロから二キロのカリウム、〇・五キロから一・五キロのリンを海に捨てていた。どうしたわけかこの栄養の損失は、文明の偉大な功績の一つと見られていると、キングは辛辣に述べた」

(デイビッド・モントゴメリー『土・牛・微生物』、pp. 287-288)

針供養
捨てる道具に仏がやどる

捕鯨の伝統が残る日本の街には、
クジラを供養する塚がある。
縄文の貝塚も、食べた貝の殻のゴミ捨て場だけでなく、
その魂を供養する場所でもあった。

生きとし生けるものに魂（神仏）がやどる。
「山川草木、悉皆成仏」——。

包丁塚（日吉大社、滋賀県大津市）

仏教が生まれたインドにもない、
究極のインクルーシブ、ダイバーシティの思想。
その感覚は生きとし生けるものの範囲を超えて、
人の使う道具にまで拡張された。

針塚や包丁塚は、
古くなった道具の捨て場所ではない。
その役割を全うした、
かけがえのない仕事のパートナーの魂を供養する、
職人たちの思いがそこに込められている。

包丁塚（上野恩賜公園、東京都台東区）

針塚（慈光山金乗院、千葉県野田市）

金継ぎ
壊れることで生まれる新たな景色

The Beauty of Imperfection and Impermanence

縁が欠けた器は、文字通りの「欠陥品」でしかないのだろうか？　ちょっとしたキズなら修復して、まるで新品のように直して使うやり方もあるだろう。だがバラバラに割れてしまったお皿は、ゴミとして捨てるしかないのか？　日本人は、その割れた断片を継ぎ直して器として再生するのみならず、修復の過程でその傷跡をあえて隠さず、それを唯一無二のかけがえのない「景色」として愛でるという方法を育んできた。

「金継ぎ」という室町以降に発達した技法――。割れた陶器などの破片を継ぎ接ぎする接着剤として漆を用いるのは縄文以来の古い伝統だが、「金継ぎ」ではその破片の亀裂をあえて強調するかのように金で装飾し、「川の流れ」に喩えた新たな景観として顕彰する。

そこには単に「廃品活用」「モノを大切に長く使う」といった次元を超えた、新たな価値創造のＯＳをみることができる。偶発的なアクシデントで傷もの、割れものとなったその痕跡（欠損）を、そのモノに新たな価値を吹き込む更新資源として活用する。これは古今東西の文化を見渡しても類例のないユニークな思考だ。

金継ぎの伝統を現代に引き継ぐ京都の修復師・清川廣樹氏はこう語る――モノというものは形になった時点で壊れることは宿命。壊れること、割れることは決して悪いことではない。私たち自身も壊れたり欠けたりするのは日常。それを決して隠さない。不完全だからこそ、新しいモノが生まれる。

いまからおよそ百年前、『茶の本』で日本のArt of Lifeを世界に問うた岡倉天心は、茶の文化の本質を「不完全さを愛でる心」と表現した。「金継ぎ」も茶の文化のなかで「侘び・寂び」を象徴する技法として重用されてきた。だが、それが茶の湯の伝統の枠を超えて、新たに国内外で注目され始めたのは2011年3月11日の東日本大震災以降のことかもしれない。

その震災の瓦礫のなかから、「どうしても捨てるに忍びない思い出の品」を掘り出し、それを金継ぎで修復したとき、まるで自分自身が修復された気持ちになったという体験を語る人もいる。

「人の壊れた部分、精神性も含めてその（引用者注：器の）修復に一緒に関われたということ。（中略）自分のキャリア、自分の歴史を隠さない。たとえそれが大きなアクシデントであっても、それは受け止めなければならない。そして、そのアクシデントがあったからこそ、新しい自分が生まれる」（清川氏）

「日本の伝統」という狭い分類棚にしまっておくのはもったいない、次代の地球文化のヒントがそこには潜んでいる。

清川氏の発言はBBCのYouTube動画「The Japanese art of fixing broken pottery」（2020年8月5日）より

鉄砲を捨てた日本人

ゴミうんちや小便から爆薬を作る一方、進みすぎた兵器を創造的に廃棄してきた歴史

1543年に鉄砲が伝来してわずか数十年、戦国時代末期には質量ともに「世界一の鉄砲大国」となっていた日本。近年の研究によれば、国際貿易と市場開放を求める列強が江戸幕府の鎖国政策に異を唱えられず、ヨーロッパの国で唯一交易を許されたオランダが長崎の出島に閉じ込められたのも、秀吉の朝鮮出兵で眼の当たりにした日本の軍事力をおそれてのことだったという。

アニメ『もののけ姫』にも描かれた「たたら製鉄」の伝統。鉄に混ぜる炭素濃度の違いで生まれる硬い鋼と柔らかい軟鉄を重ね合わせて、しなやかで強

古い家屋の床下から硝石を抽出する土を採取する様子。櫻寧居士ほか『硝石製煉法』(1863)より

靭な日本刀が出来上がる。柔らかい鉄で丸い銃身を作るという新たな課題も、日本刀を鍛える技に比べれば難しいことではなかったかもしれない。だが、火縄銃の「火薬」はどうしていたのだろう?

黒色火薬は硝石(硝酸カリウム)と硫黄と炭が原料。だが硝石を産しない日本では、なんと人間の尿(おしっこ)から火薬を作っていた。その秘術の源は、合掌造りで有名な世界遺産、白川郷・五箇山。稲作ができない山間部で主食だったヒエの殻などの有機ゴミと人間の尿、合掌造りの屋根裏で営まれた養蚕の廃棄物である蚕(かいこ)のうんちを床下の穴で発酵させ、硝石の代わりとなる「焔硝(えんしょう)」を作った*。

葛飾北斎『北斎漫画 6編』(1817)より

*おしっこの尿素$CO(NH_2)_2$が硝酸菌などの土壌微生物によりまず脱炭酸されてアンモニアNH_3になり、それが酸化された窒素酸化物NO/NO_2に水を加えると硝酸HNO_3になる。それに囲炉裏の燃えカス=灰に水を加えた灰汁(あくじる)をかけると、灰のカリウム成分が硝酸と結びついて、火薬の成分「硝酸カリウム」(硝石の代替物「焔硝」)ができる。発酵学の権威・小泉武夫氏は、昔の農家が堆肥作りで発酵促進にしばしば尿をかけ灰も加えていたことから、その過程で偶然、爆発する火薬(硝酸カリウム)が生成、それがこの発明につながった可能性があると指摘する。

さて、しかしこの４００年前の鉄砲大国がその後たどった歴史は、現代の私たちにもうひとつ大きな問いと励ましを投げかける。なんとこの国は、その世界最先端の兵器と軍備をあっさり捨てて、鉄砲を使わない（刀もほとんど脇に差しているだけ）の「平和な２５０年」（パックス・トクガワーナ）を樹立したのだ。

これは世界史上に燦然と輝く軍備縮小だった。兵器はつねに進化し続けねば相手にやられてしまう――だから、進歩した武器が後退して「鉄砲から刀に戻る」というのは異例のことだった。

ジャレド・ダイアモンドの名著『銃・病原菌・鉄』に描かれたとおり、鉄器や銃器（さらに図らずも生物兵器として欧州人が新大陸に持ち込んだ天然痘などの病原菌）が世界史を動かし、西洋列強による植民地支配の世界を作り上げてきた。だが近世日本は、その武力を盾に植民地化を阻んだのみならず、鉄砲を使う必要のない平和な社会を２５０年にわたって築き上げたのだ。

ちなみに旧・江戸城である皇居に行くと、城の天守閣はない（ＡＲでしか見られない）。江戸開幕から半世紀後の明暦の大火で焼け落ちた後、再建されなかったからだ。鉄砲以上の「最大の武器」であった城を再建して武装する必要など最早ない。それほど平和な時代が来た（長い戦国時代が終わった）というメッセージがそこに込められていた。火器を使わぬ社会で、火薬はその後「花火」のアートとして華開いた。

鉄砲も城も捨てた日本人――なかなか捨てたもんじゃない。

歌川豊春『新版浮絵 東都両国橋繁花の図』（18世紀）

糞便神話

日本の国土は女神のうんち?

『古事記』にはこんな記述がある——。

世界の始まりについての冒頭のくだり、イザナギ・イザナミの結婚と国産みの最後で、女神イザナミは火の子カグツチを出産。産道を焼かれ、病み衰えて吐き、糞尿を垂れ流す。

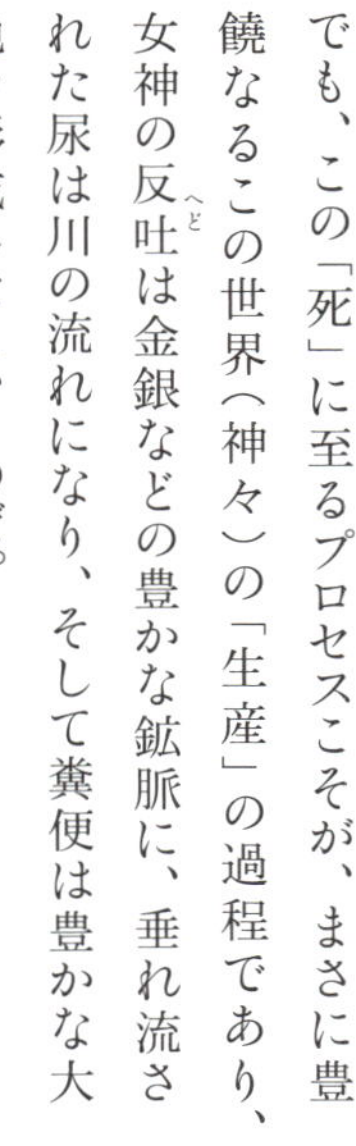

でも、この「死」に至るプロセスこそが、まさに豊饒なるこの世界（神々）の「生産」の過程であり、女神の反吐(へど)は金銀などの豊かな鉱脈に、垂れ流された尿は川の流れになり、そして糞便は豊かな大地を形成したというのだ。
火の子カグツチを産道から生む行為を「火山噴火のメタファー」と捉えるなら*、これは〃黄金の国・ジパング〃〃瑞穂の国・日本〃の地球学的な形成プロセスの神話表現とみることもできる（実際「黄金のジパング」を支えた佐渡金山や石見銀山など世界遺産級の鉱脈は、アジア大陸から日本列島が裂開する際の日本海の海底火山活動に由来する）。度重なる噴火で国土に降り積もった火山灰も、鉄分など豊富なミネラルを含み、それが雨で流されて

中下流に肥沃な沖積平野を形成してきた。

伊豆大島では火山噴火を「御神火（ごじんか）」と呼ぶ。三原山はもともと「御腹山」だったという事実は、イザナミの腹（子宮）を想起させる。女神の肥沃な〝うんち〟の上に開ける大地――。

もちろん火山噴火の恐ろしさと被害の甚大さを忘れるわけにはいかない。だが、今よりはるかに火山活動が盛んだった縄文期の集落（遺跡）が、八ヶ岳や富士山など巨大火山の麓に集中している事実は何を意味するのだろうか？ こうした火山や地殻変動の「災い」と「恵み」は、変動帯に生きる民の人類的記憶の基層を形成しているのかもしれない。

＊益田勝実『火山列島の思想』、鎌田東二氏の『古事記』論および『超訳 古事記』を参照

河鍋暁斎『伊邪那岐命と伊邪那美命』（19世紀）

漢字という創造的なジャンクDNA

「漢字」のほとんどは、使えないがらくたに見える。アルファベットなら、わずか20数文字を覚えれば最低限の読み書きができる。ところが漢字文化圏では数千〜数万の文字を覚えねばならない。しかも大半は、一生に何度使うかわからないレア文字、オワコン旧字……そんな膨大なムダを頭のなかに貯め込む必要があるのか？　そんなのやめて英語とローマ字にしてしまえ！という極論がこれまで幾度も提案されてきた。だが漢字の価値は、そんな効率だけで測れるものだろうか？

たとえば「女」と「子」を組み合わせ、〃子を抱く母〃の単なる象形を超えて「好き」というメタ概念を創出する。「即」と「既」は、祭壇に盛った食べ物に大きく口を開けて今にも「即」食べようとする人、「既」に食べ終わって踵を返して離れていく人というBefore/After（未然形と完了形）を意味する。さらに両側に人を配せば共食の「郷」。日本で作られた「峠」のような字もある。

漢字は「創造的なOS」なのだ。20数文字に簡素化したアルファベットは、美しいレタリングで文字装飾はできても、新たな文字や概念を生みだす漢字のような芸当はできない。

これは遺伝子数を最小化することで「変異」のスピードを速めたウイルスとは対照的に、膨大なムダ（ジャンク）を抱えた大きなゲノムで環境変化への適応力と「進化」の可能性を担保した多細胞生物との戦略にも似ている。使うかどうかわからない膨大なムダを抱え込んでおく意味を、生命と文化のOSから学びなおすときだ。

さらに漢字は文字の組み合わせで複雑な概念を作ることができるので、常用漢字の約半分の1000字を覚えれば、二字熟語なら1000×1000で100万通りの概念を創出しうる。同じ音の言葉でも「共同」「協同」「協働」と使う漢字により概念を視覚的に伝達できる。無尽蔵の文字の「共創」「協奏」「狂想」……。これは優れた概念創造のクリエイティブ・システムではないか。

ふだん使いもしない膨大な漢字のDNAを世代から世代へと継承することが、クリエイティブな思考の飛翔力を担保し、文化の森の腐葉土を形成する。

牛の骨に書かれた甲骨文(中国国家博物館蔵)

糞便神話

ゴジラ、ヘドラ、くされ神

日本の映画やアニメの作り手は、昔から社会の「ゴミうんち問題」に向き合ってきた。

ゴジラは1950年代の原水爆実験、その放射能汚染を身にまとった怒りのシンボルとして生まれ、その仇役(かたき)として生まれたヘドラは公害のヘドロの体現者だった。宮崎駿の『風の谷のナウシカ』には腐海や巨神兵が登場し、『千と千尋の神隠し』にも川の汚染をその身に溜め込んだ「くされ神」が登場する。厄介な廃棄物を「捨てて終わり」(忘却)でなく、社会としてもう一度引き受けなおそうという製作者たちの意思が脈々と継承されている。

川のヘドロと悪臭のかたまりである「くされ神」。だが、それに刺さった棘を主人公が見つけ、それを引き抜くことで、くされ神は「川の神」としてよみがえり、本来の場所へと還ってゆく。

この筋書きは、表向き「悪」や「敵」とみえる存在のなかに「善」にして「聖」なる本性を見いだし、それによってこの世界の秩序を回復する、伝統社会の「悪魔祓い」などにも通底する文化OSを体現したものでもある。それは『鬼滅の刃』のような21世紀の作品にも流れ込んでいるように感じられる。

何より重要なのは、自分たちが「毒」を生み出しつつ生きている存在だという自己認識——。

「外」から来たように見える怪物も、実は我々自身がその「内部」から生み出したものに他ならない。

だからこそ、その異物（外部）との関係、距離感を「調停」することが、自分自身を生まれ変わらせることにつながる。

そして、この自己更新の過程には終わりがない。だからこそゴジラは幾度でも再臨する。

だが、今度のゴジラは海の向こうからやって来るわけではない。原発事故を経験し、遠い南太平洋でなく国内に（私たちの内部に）被ばく地を抱えた私たちは、もはやゴジラを「海の向こうから」やって来て、そこへ還ってゆく異物としては描けない。

ここに至ってはじめて、私たちは『ゴジラ』や『ナウシカ』から託された本当の宿題を再発見することになるのではないだろうか？